U0122774

科普小天地

科學超有趣

數學

洋洋兔 編繪

前言

讓孩子對學習數學
產生濃厚的興趣

相信大部份同學都不太喜歡數學這門科目，覺得它既抽象又枯燥，提不起學習的興趣。

數學真的那麼枯燥，那麼不讓人喜歡嗎？

當然不是，數學其實非常有趣。人們討厭數學並不是數學的錯，而是因為沒有發現數學的樂趣，沒有找到學習數學的絕妙方法。當你讀完這本書後，**你就會發現數學像童話一樣充滿想像力，像推理故事一樣懸念不斷。每一道算式，每一個符號都吸引着你！**

《科學超有趣：數學》把教材上的數學轉變成精美的

漫畫畫面，把藏在我們生活中的數學變成有趣的漫畫故事，使「學習數學」變成我們生活中最有趣的事。

現在就和我們書中的小主人公們一起踏上數學之旅吧，相信你會從這裏找到學習數學的樂趣和方法。

目錄

數字大暴動

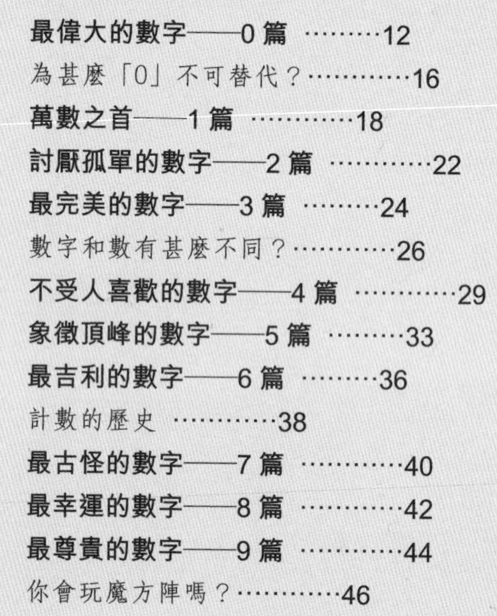

數學樂園

玩轉數學

生活中的數學

數學天地

● 提到數學，我們的印象大概就是一堆密密麻麻的數字進行着複雜的計算，好像非常枯燥，離我們非常遙遠。其實，當你了解了數學知識以後，你就會發現數學原來是非常有趣的，它就在我們的身邊。

● 數學符號

數學有屬於自己的一套獨特的符號：「+」「-」「×」「÷」…千萬不要小看這些不起眼的符號，它們有的可以用來表示數量、有的用來進行數學運算……而且，不同國家、不同語言的數學家可以通過數學符號進行交流。

● 數學運算

數學運算説起來非常簡單，就是加減法、乘除法，還有加減乘除混合的四則運算。但是數學運算是數學中非常重要的一項，也是非常基本的內容。要想攀登數學的高峰，數學運算的基本功一定要紮實才行。

• 生活中的數學

我們的生活中處處都有數學。買賣東西時的計算找零、跑步的速度、時間的計算、植樹時用「三點一線」來判斷一排種得直不直……用心觀察，去發現我們生活中的數學吧！

• 立體幾何

立體幾何是在平面幾何的基礎上發展起來的。它研究的是立體空間的幾何構造，比如圓柱體、圓錐體、立方體、長方體等。學習立體幾何可以增強我們每個人的想像能力，尤其是空間想像力。

• 平面幾何

平面幾何是在一個平面上研究直線、曲線和各種圖形的幾何構造。在這裏你可以學習到點、直線、三角形、圓形、方形，甚至還有各種圖形集合在一起的複雜圖形。那麼這些圖形中都有甚麼有趣的知識呢？學完你就知道啦！

人物介紹

小野人

男生，從原始森林裏來，力氣巨大，語言簡短，不會很複雜的表達，對現代生活充滿了好奇，不過也鬧了許多笑話，酷愛打獵，甚麼都想獵取。

都市女生 TT

愛美，愛炫耀，聰明女生，在與小野人接觸的過程中，教會小野人許多城市生活的知識。

寵物熊貓黑眼圈

愛吃爆谷，無所不知，卻又喜歡裝傻，睡覺是他一生的樂趣。

數字大暴動

畢達哥拉斯把有形之物、音樂、靈魂歸於數，也把道德還原為數，甚至認為正義也是數的一種質的規定性。他認為每一個數字都包含着不同的哲學含義，也賦予了數字生命與活力，給予人們無限思維與邏輯空間！

最偉大的數字——0篇

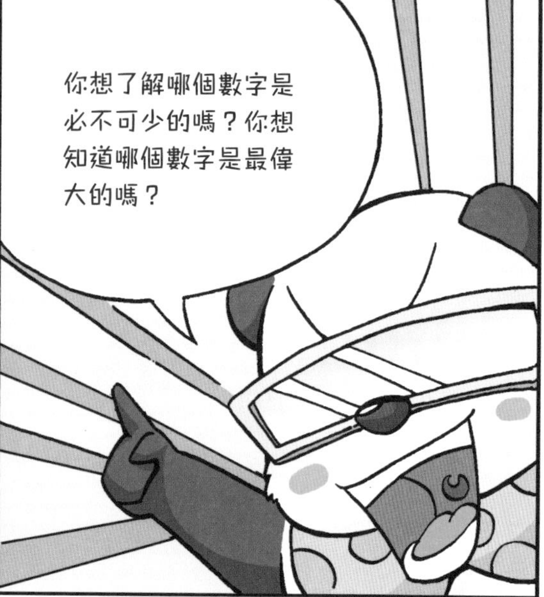

那麼，就鎖定我們的《數字大暴動》節目吧！在這裏，我們的10位選手將拿出看家本領來證明自己才是最棒的！贏的數字可以獲得我們為他準備的大獎，敬請期待哦！
現在有請我們的第一位嘉賓——數字0！

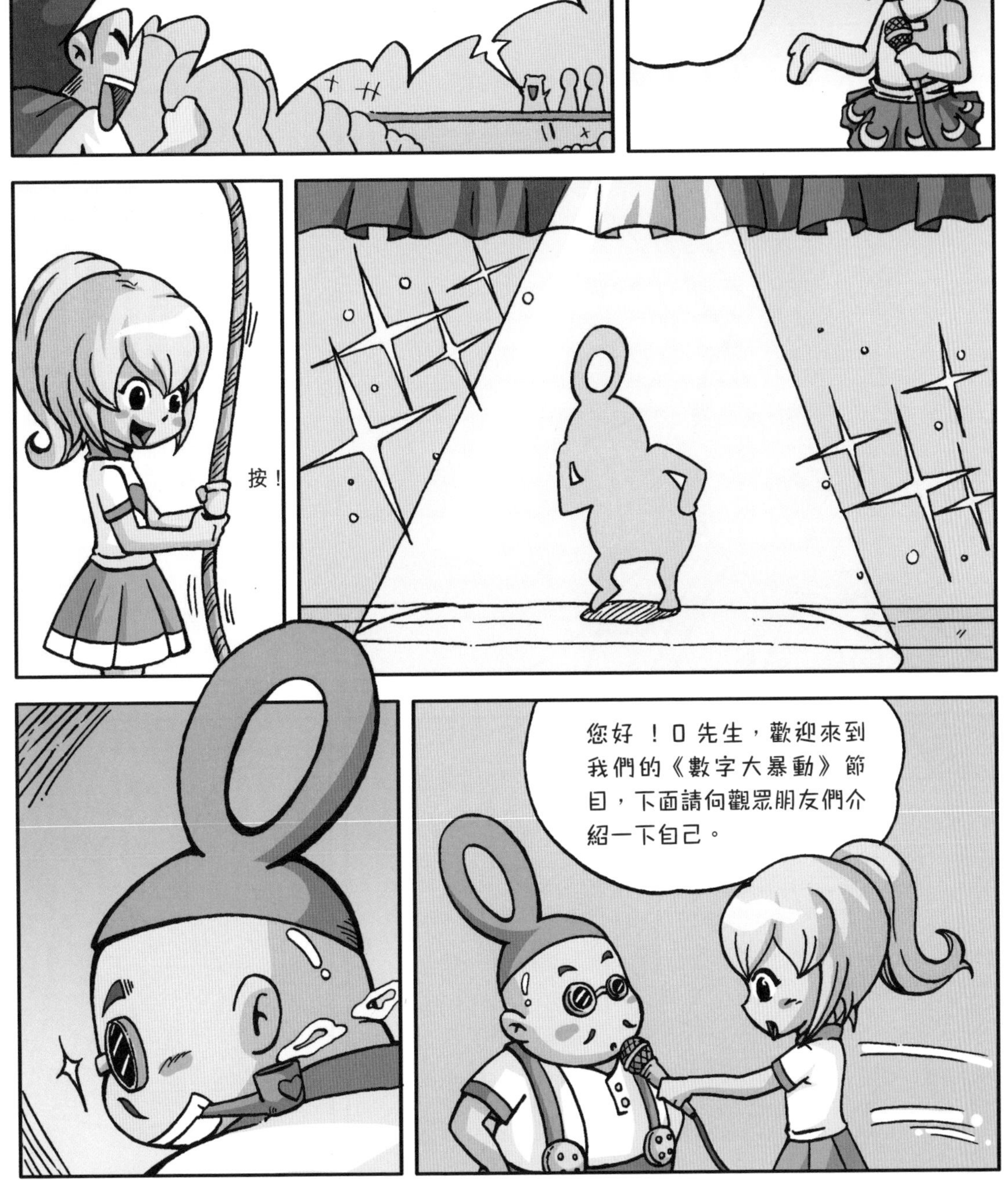
按！
您好！0先生，歡迎來到我們的《數字大暴動》節目，下面請向觀眾朋友們介紹一下自己。

我是0，從數學的性質上說，我既不是正數，也不是負數。
而是正數和負數之間的一個數，也可以說我是正數和負數的分界線。

那麼，您認為在10個數字中，您是必不可少的，是嗎？

那是一定的！沒有我，數字的世界將會被打亂！
我是極為重要的數字，我的發現被稱為人類偉大的發現之一。古時候，人們稱我為金元數字，意思是非常珍貴的數字。

0先生，我總結了一下您的作用，大概有以下四點：第一，是表示沒有；第二，運算時佔位置；第三，分開正數和負數；第四，是起點。我說得對嗎？

當然不止了！

我的作用還有很多，比如、比如……比如我就是數字裏最偉大的！我是最厲害的！我是最好的數字……
如果我贏了！你們把存摺拿出來，我給你們在後面加10個，不，100個零！

那如果您輸了呢？

那我就跑到最前面去！

為甚麼「0」不可替代？

在很久以前，人們對 0 沒有概念，認為它是多餘的，甚至還鬧出過不少笑話。0 究竟是怎麼發現的？都有甚麼樣的用法？

小貼士： 0 是極為重要的數字，但在很長一段時間裏都不被人們接受。

不可替代的 0．0 的發現

阿拉伯數字在剛開始發明的時候，只有 1、2 等數字，並沒有 0 這個數字符號。人們在不能用 1-9 這幾個數字表示的時候，就會用一個空格代替。公元 6 世紀以後，為了消除空格，人們就用黑色或者白色的大圓圈來表示。後來，人們在這種圓圈的基礎上，終於發明了「0」這個符號。

0 的表示方法

0 的認識過程

在公元 6 世紀之前，人們普遍認為 0 不過是替代空格的符號。後來人們才認識到 0 也是一個數字，再後來發現了比 0 更小的負數。人們終於接受並開始使用 0 了。

數學中的 0

在數學中，0 是正數和負數的分隔點。比 0 大的數是正數，比 0 小的數是負數。而 0 則是一個獨立的數，它既不是正數，也不是負數。

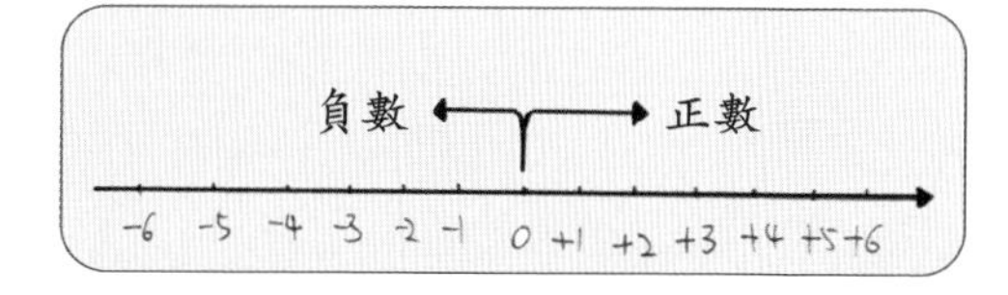

0的用法

0表示甚麼都沒有

0在我們日常生活中經常被用到。有的時候用來表示沒有，比如我們經常說0元、0利潤等。

0用來表示標準點

有的時候用來表示標準點，比如我們常見的溫度計上刻有0℃。這是一個溫度的標準點，高於0℃，我們會說零上多少攝氏度；低於0℃，我們會說零下多少攝氏度。

0用來表示起始點

0也可以用來表示起始點。比如我們看百米短跑的時候，起點就可以記為0，而終點就是100。

如果沒有了0

如果有一天「0」消失了的話，我們的世界將會變成甚麼樣呢？

如果沒有了0，我們在銀行不管存入100塊，還是100,000塊，最後都只能以1來表示。13和103也將會變成同一個數字。毋庸置疑，如果沒有0，世界就會陷入無法想像的混亂之中。

關於0的故事

一千五百多年前，羅馬的一位學者發現有了「0」這個數字以後，進行數學運算會非常方便。他非常高興，就把使用0的方法教給大家。可是當時的教皇聽說以後非常生氣，他認為數字中根本不應該存在0，就把那位學者抓起來，還明令禁止使用0。但最後0還是被大家慢慢接受了。

萬數之首 —1篇

您以為您是明星！

不，我比明星更耀眼，我是1，是第一名、第一個、第一次，總之，全都是讓人喜愛的詞語！

可是據我所知，1是阿拉伯數字中最小的正整數，是最小的哦！

這裏有很多嫉妒我的人，因為我是第一名嘛！已經習慣了這些。
放開我！讓我教訓他！
黑眼圈你冷靜點！
我的身份有很多，在樂譜中，我代表音階中的1個基本音級；在數學中，我是最小的正奇數，既不是質數，也不是合數。任何數除以我都等於本身，任何數乘我都等於本身。兩個互質數的最大公因數是我，我可以化成任何一個分子、分母相同的假分數，我是任何自然數的因數，我的因數只有我本身一個。

當然了，我遠遠不止這些優點，不然也不會有這麼多人嫉妒我！
好囂張的數字啊！
比如我是這裏最漂亮的……
最漂亮的是我！
拖！拉！

1 先生，您覺得 10 個數字中，您應該拿到大獎是嗎？

哈哈！
這個結果是必然的，我一定會拿到的，你知道嗎？無論是甚麼，我都是第一哦……

你、你們想要幹甚麼？不會是想揍我吧？

討厭孤單的數字——2篇

咳咳，剛才
1 先生說他
放棄競
爭權，
讓我們為 1 先生的
高風亮節先鼓一
下掌，接下來，
有請我們的
2 小姐上場！

請不要叫
我 2 小姐！
可……
可是您
是 2 小
姐……

我是一個自然數，在
1 和 3 之間。如果一個
數能被我整除，就是
偶數；我也是最小的
質數；當然了，我
也是一種網絡
語言。

人們喜歡我，因為我有「雙」這個
意思，俗話說，好事成雙，
成雙成對，沒有人喜歡孤
單一個。但是，不知道是
哪個傢伙用我來攻擊別人，
漸漸的，我成了一個不好聽
的數字，這是一種很
不道德的行為，不僅
是對人還是對我，都
是一種傷害……

實在是太過份了，
要知道我是人類的朋友啊！
人類怎麼能這麼對我……
30 分鐘後……

嗯！
嗯……

真是的！這有甚麼值得記筆記的！

總之，數字 2 小姐，
您為甚麼覺得您是數字王國中最偉大的數字？

啊？我只是來找人聊天的。

最完美的數字——3篇

本期的《數字大暴動》，我們請來了萬人迷——
數字「3」小姐！
Hello，大家好！我是數字3。
大家有甚麼想要問的嗎？

請……請問，
3小姐喜歡熊貓嗎？

我聽說在西方國家，您被公認為是最完美的數字，能說一下原因嗎？

在西方文化中，世界是由大地、海洋和天空三個部份組成的。
3 象徵着事物的全部、整體，所以我被稱為最完美的！
現在我們探討一下和3有關的話題。
我問美女問題的時候，總是三思而後行。3小姐有男朋友嗎？
在數學運算中有一個有趣的現象！
如果在一個數中，各個數位上的數字之和，能被3整除，那麼該數字就能被3整除。比如261，2+6+1=9，9能被3整除，所以261就能被3整除。
還有，你們知道為甚麼3小姐這樣漂亮嗎？這跟對稱有關係哦！因為數字「3」是個對稱的圖形，所以無論是改變方向，或者是幾個「3」疊加，都會組成很漂亮的圖形哦！
今天能夠站在這裏，我非常高興！首先，我要感謝《數字大暴動》欄目組的邀請；
其次，要感謝我的經紀人；再次，我要感謝主持人和各位觀眾——
您在說甚麼？
我在練習等一下領獎時，應該怎麼樣發言呢！

數字和數有甚麼不同？

數和數字有甚麼不同之處？相同的數，表達的意義有甚麼不一樣？同樣的數字，在不同的位數有甚麼不一樣？數字都有哪些寓意？

小貼士：數字是表現和組成數的元素，數用來表現大小和順序。

數字和數有甚麼不一樣・數字和數

數和數字，雖然只有一字之差，實際卻有很大的區別。

數是一個比較抽象的概念。數有無數個，整數、分數、負數、小數……都是數。數字則是一個符號，是用來構成和表示數的元素。

另外，數字是用來體現數的某種意義時使用的符號。

數字組成數

75 是一個數。它是以十位數的 7 和個位數的 5 組成的一個兩位數。數字 7 和數字 5 是組成「75」這個數的兩個元素。

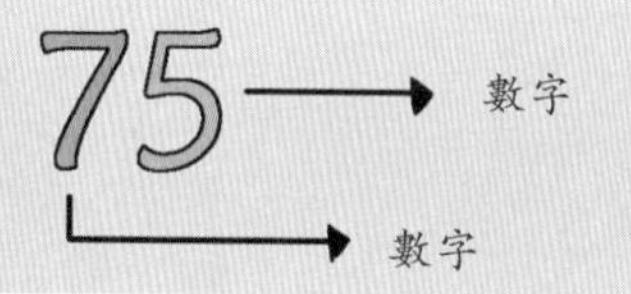

數的意義用數字表達

四個玩具和四隻小狗，這是數，但表示的時候均用數字 4。

數相同，意義不同

相同的數在不同情況下代表的意義也大不一樣。一般數大概有三種意義：第一是在計算數量時，作為「記數」使用；第二是表示按照順序排列的「順序數」；第三種是起到記號的作用。

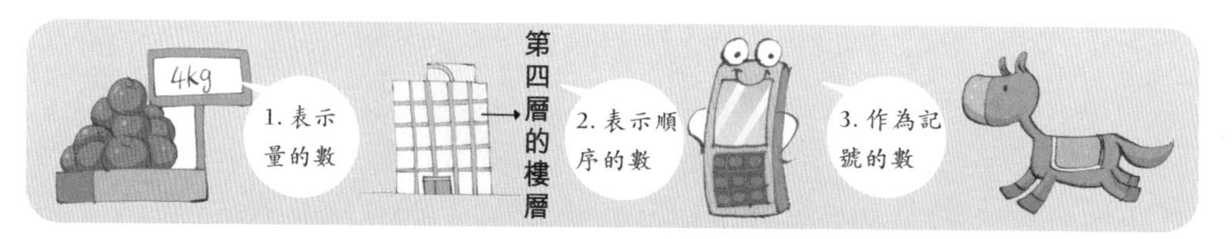

不同位置的數字，大小不同

一組相同的數字，如果出現在不同的位數，它表示的大小也不一樣。

比如 888 這個數字。

888，雖然都是由數字 8 組成的，但是 8 所處的位置不同，它們各自表示的大小也不一樣。

十進制

位數的大小其實是和十進制有關。據説人們使用十進制是因為人類的手指頭有十根。古人算數的時候，是使用手指頭來計算的。當數的大小超過十時，就會用一個石頭塊或者樹枝來代替。這樣久而久之就形成了「十進位法」。

數字的有趣寓意

數字 1

在我們生活中，「1」是無處不在的。在漢字中，「一」往往是第一部首和第一個字。有人把「一」稱為萬數之首。

數字 2

「2」是代表對立與和諧的數，陰陽、日月、天地、黑白等都隱藏在這個數字中。

數字 3

「3」是我們經常用到的數字，平時人們常説祖孫三代、士別三日，等等。

數字 4

很多東西都被分成四類，一年有春、夏、秋、冬四季，地理有東、南、西、北四個方向等。不過，有些人認為 4 是「死」的諧音，不吉利。其實，這都是迷信思想在作怪。

數字 5

5 被視為「圓滿的數字」。五官眼、耳、口、鼻、舌，五味酸、甜、苦、辣、鹹，而且人的手指也是正好 5 根，分工明確。

數字 6

6 是一個吉利的數字，提到它，人們就會想到順利、順心等詞語。所以人們都喜歡以 6 結尾的手機號或車牌號。

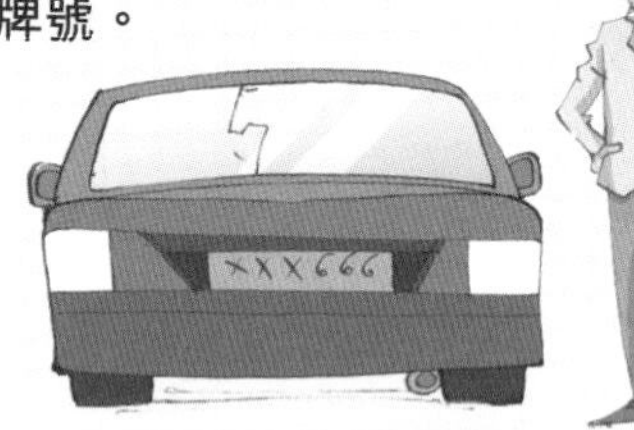

數字 7

7 是一個美好的數字。傳説上帝用了六天的時間創造了世間萬物，第七天用來休息。

數字 8

8 的發音和漢字的「發」相近，所以 8 常常表示發財、發達。像 6 一樣，8 也是日常生活中人們非常喜歡的數字。

數字 9

9 的發音和「久」讀音相近，蘊含着長久的意思，所以中國古代的帝王非常喜歡 9，象徵自己的地位能夠長久不衰。

不受人喜歡的數字——4篇

安……靜

我，我是3與5之間的自然數。正整數中最小的合數。

可是，人們認為我不吉利，所以有好多電梯都沒有4樓和14樓……

在台灣，新式車牌沒有個位數為4的，嗚……

我是個沒有用處的數字！
我不應該存在於數字王國裏！！
沒有人喜歡我！啊啊啊啊！
太悲慘了！太悲慘了！
是啊！是啊！
我都不忍心看了！
好大雨啊……
活下去！4 先生！不要失去希望！
數字王國需要您！我們需要您！

不是啦！4還是很有用的，4是自然數中的輔助單位，是3加1得到的偶數。一個數字，不管多麼龐大，只要它的末兩位能被4整除，那麼這個數就能夠被4整除，計算十分簡單。

數字王國中不能沒有4，雖然在生活中4不像其他數字那樣討人喜歡，但是在數學中，4是個必不可少的數字。像四季不就是用數字4分開的嗎？

春	夏
秋	冬

象徵頂峰的數字
——5篇

大家好，我是數字5，
很高興能來到《數字
大暴動》節目！

需要我幫你
祛除一下黑
眼圈嗎？
耶？能去
掉嗎？

咳咳，5先生，
還是請您先介紹
一下自己吧！

大家都知道
「5」是位
於4與6之
間的自然數，
凡是個位是0
或5的數，都
能被5整除。

我們知道每個數字的用
途都很廣泛，除了在數
學中，生活中也有很多
與5相關的數字。

對，生活中常見的「5」有「五官」（耳、舌、眼、鼻、口）、
「五穀」（稻、麥、黍、稷、菽）、
「五行」（金、木、水、火、土）、
「五金」（金、銀、銅、鐵、錫）。
沒錯，我經常聽人家說5是個極數，象徵着頂峰。像「五福臨門」「五穀豐登」都是形容豐收的。
黑眼圈，你在發甚麼呆啊？
我要不要祛除一下黑眼圈呢？

最吉利的數字
—6篇
歡迎大家準時收看我們的《數字大暴動》！
我們的獎品、獎品、獎品……
甚麼獎品？快請嘉賓！
獎品快請嘉賓贊助！

很榮幸能夠請到6先生。數字6來自幼兒園，今年6歲，學歷是小學預備、大學後備，魅力宣言：我永遠是大家的最愛……
6先生自稱是大家的最愛，您為甚麼這麼自信呢？
其實，我之所以能成為大家的最愛，並不僅僅是因為我帥氣的外表……

凡是和我沾邊的都是好事，在古代「6」被認為是吉利的數字，「六六大順」這個成語就是最好的證據。
自然界的許多事物的造型都和 6 相似，比如冰晶、雪花和蜜蜂的蜂房。

還有我最喜歡的星期六！

注意影響，我不喜歡緋聞。
給你們出一道腦筋急轉彎。
有難度……
1 小時等於多少分？
60 分，1 分 =60 秒。

推理很正確。
這是常識……

觀眾朋友們，還有甚麼問題就找我的經紀人吧！
以後多向我請教！

計數的歷史

說到計數，大家的腦海中首先會想到阿拉伯數字 0，1，2，3，…不過，人類廣泛使用阿拉伯數字計數才有幾百年的時間。那麼以前的人們都使用甚麼辦法來計數呢？數字符號歷經了怎樣的發展呢？

手腳計數

人類最早的計數工具是自己的雙手和雙腳，他們用手指和腳趾來計數。這種計數方式只能記錄 20 以內的數字。

石豆計數

當要計的數目很大時，人們學會了使用石頭或豆粒來計數。他們用一塊石頭或者一粒豆子代表一個要計的東西，以一對一的方式取代了用手腳計數。

繩結計數

人們利用在繩子上打結的方式計數。較為簡單的是打一個結代表一個數，相對複雜的是依據結的大小和位置的差別來代表不同的數字。

為甚麼叫「阿拉伯數字」？

阿拉伯數字其實是印度人發明的，不過這種數字卻是由阿拉伯人傳到歐洲的。歐洲人看到阿拉伯人使用這種數字後，都覺得非常先進。

就這樣，這種數字就被稱為「阿拉伯數字」了。有些人也稱它為「印度阿拉伯數字」，這也是正確的。

阿拉伯數字

相比其他數字符號，阿拉伯數字具有明顯的優點。因為阿拉伯數字只需要用 0-9 這 10 個符號就可以表示所有的數，而其他的數字符號要表示更大的數，則需要不斷創造新的符號。最後，阿拉伯數字在世界範圍內得到了廣泛應用。

刻畫計數

石頭計數和繩結計數雖然可以記錄較大的數，但是實際操作非常不方便。於是，人們學會了在獸皮、石頭、樹木上刻畫計數的方式。這些刻畫中，已經出現了用特定符號計數的雛形。

符號計數

在一些文明發展較早的地區，人們學會了使用特定的符號計數的方式。這樣計數不僅極其方便，而且為數字間的運算提供了可能。

最古怪的數字——7篇

大家期待已久的
《數字大暴動》
又開始啦！
歡呼吧！

你們能一眼
看出一個數
是否能被
我整除嗎？
他像福爾
摩斯一樣
難以琢磨。
在數學運算中，
有一位數字非
常古怪！
不能

他又是一位撲克
高手！
一副牌洗7次
最好，不到7
或超過7次都
達不到這麼好
的效果哦！
上帝用了6天創造了天地萬物，第
7天就是他的休息日，在這一天是
不用做任何事情的。
他還是一位有特
殊意義的，非常
神秘的數字。
差點忘記了……今天是
這星期的第7天，我們
是不用錄訪談的。
喂，那我呢？
走吧，回去
睡覺去！
下週一再過來
錄一次。

最幸運的數字—8篇

我們今天請來了一個大忙人哦！
看《數字大暴動》，與明星數字親密接觸！
他是一個鑽石王老五，曾經代言過一則鞋油廣告！

擦粑粑牌鞋油，咔咔就是發！祝你發發發！
88
8先生，我的飯館8號開張，請您賞光啊！

8先生，我們決定在今年8月8號結婚。
請您來吃我們的喜糖！
8先生，我準備8號去拉貨，您說那天運氣會不會好？

8是我的幸運數。我是8號生的。

我8號請客！
我8號買彩票！
我8號開新聞發佈會……

累死了，休息一會兒。
戳！

8先生，我準備了八塊八毛八分錢，買您一盒粑粑鞋油膏。

最尊貴的數字——9篇

爆米花
回收！！

女士們、先生們，我們《數字大暴動》節目組請出最後一位嘉賓！
英俊瀟灑、風流倜儻，神秘而又充滿貴氣的數字——
那就是我們的數字之王，9啊——
皇上駕到！
九
九

他是……皇上？

怎麼了？不服氣啊？我可是數字之王哦！

據考古學家考證，我們漢字「九」就是從龍的圖形演化而來的呢！
九
野孩子，來，朕考考你，北京城最早有幾個城門啊？
回皇上，有九个！
故宮
小姑娘，我問你，故宮建有幾間房啊？
有……有九千九百九十九間房。
怎麼好像變成他採訪我們了？
所以，大獎理應是我拿吧？比起那些數字，我不是更勝一籌嗎？！不過我能問一下，大獎是甚麼呢？
九
安——靜！
大獎是我的寶貝——爆米花一桶！
數字大暴動
出口
喂！怎麼都走了？不想要大獎了嗎？

你會玩 魔方陣嗎？

你玩過 3 階魔方陣嗎？一個橫 3 列、縱 3 列組成的正方形，填入 1-9 的數字後，讓每一行數字的和、每一列數字的和及對角線數字的和都相同，這種排列就是「魔方陣」。

小貼士： 魔方陣的填數規則是數字不能重複出現，且橫、豎、斜的數字之和相等。

來自龜殼上的神奇數字．魔方陣的由來

相傳在上古大禹時期，因為黃河水連年氾濫成災，大禹就帶領人們一起治理洪水。有一年，一個人在河裏抓到一隻烏龜，這隻烏龜的龜殼上有一些奇特的圖案。大禹十分好奇，就仔細研究起來，後來他發現龜殼上的點數恰巧是 1-9，而且不論是橫列、縱列還是對角線，點的總和都是 15 個。這個圖案被稱為「洛書」，或者叫「龜書」，也就是「魔方陣」的由來。

洛書的魔方陣

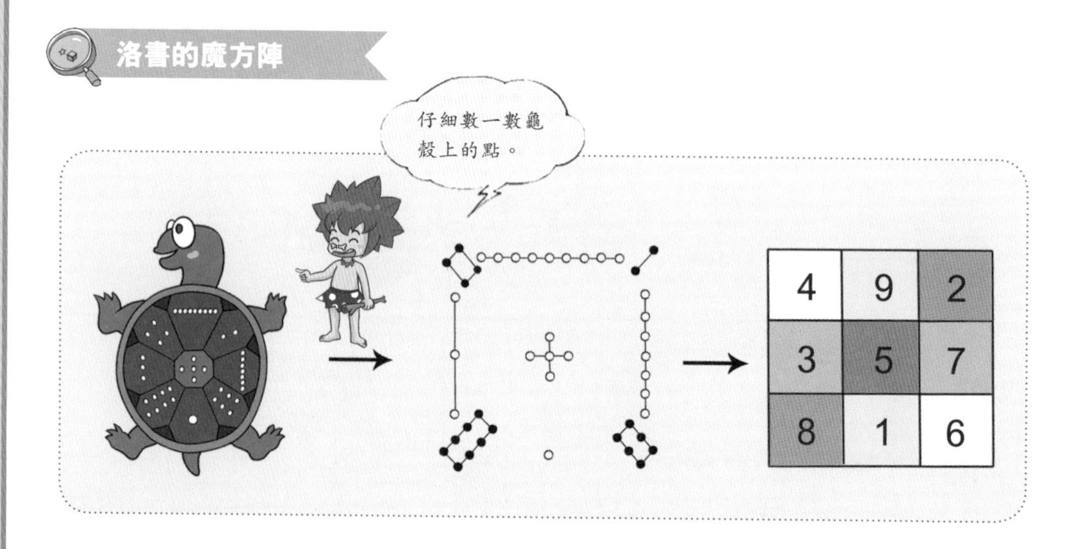

魔方陣的發展

最早的魔方陣就是橫 3 列、縱 3 列的正方形，將 1-9 的數字不重複地填進每一個小格裏。隨着魔方陣的不斷演進，相繼出現了 3 階魔方陣、4 階魔方陣、5 階魔方陣。

3 階魔方陣和 4 階魔方陣

在填寫 3 階魔方陣和 4 階魔方陣的時候，都有一定的技巧和規律的。

3 階魔方陣橫、豎、斜的數字之和都等於 15。

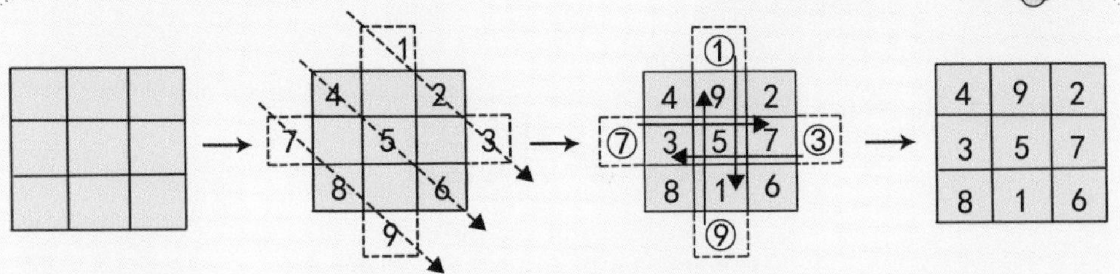

填 3 階魔方陣

把 1-9 的數字依照圖中的方向排列寫好。

在魔方陣外面，將數字依箭頭的方向放入方格內。

3 階魔方陣完成嘍！

1	2	3	4
5	6	7	8
9	10	11	12
13	14	15	16

1			4
	6	7	
	10	11	
13			16

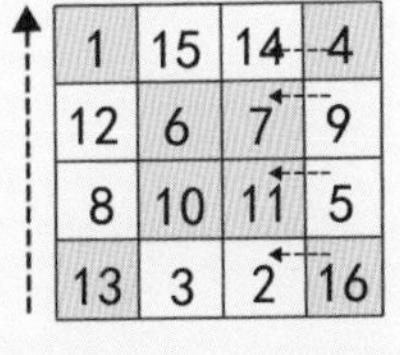

填 4 階魔方陣

把 1-16 的數字依序填入空格之中。

留下對角線上的數字，其餘的先擦掉。

擦掉的數字從下開始，從右到左填滿。

4 階魔方陣橫、豎、斜的數字之和都等於 34。

難度更大的數獨遊戲

數獨是一種邏輯遊戲，它是在 3 階魔方陣的基礎上發展來的。玩家需要根據 9×9 盤面上的已知數字推理出所有剩餘空格的數字，並使每一行、每一列、每一個粗線宮內的數字均含 1-9，而且不能重複。

	6		5	9	3			
9		1				5		
	3		4				9	
1		8		2				4
4			3		9			1
2				1		6		9
	8				6		2	
		4				8		7
			7	8	5		1	

九　格

3 階魔方陣和中國古代的九宮格非常相似，分為三橫三縱，總共 9 個大小相同的方格。中間的一個方格稱為「中宮」，上面的 3 格稱為「上三宮」，下面的 3 格稱為「下三宮」，左右兩格分別稱為「左宮」和「右宮」。九宮格常用於書法，便於習字的時候按照範帖進行臨摹。

數學樂園

數學是開啓科學大門的鑰匙，忽視數學必將傷害所有的知識，因為忽視數學的人是無法了解任何其他科學乃至世界上任何其他事物的。更為嚴重的是，忽視數學的人不能理解他自己的這一疏忽，最終導致無法尋求任何補救的措施。

——弗朗西斯 · 培根 (1561—1626)

英國科學家、哲學家、散文家

平均分配——平均數

哼！
你不喜歡吃水果嗎？

他覺得你給他的少，給我的多，沒平均分配。
平均？

平均數就是一組數字中所有的數字之和再除以數字的個數。比如現在有 10 個果子，平均分給我們兩人，就要除以 2，即每人 5 個。
÷2=
一共有 12 個果子，平均分配，每人應該 6 個。
剛才給了他 2 個，再給他 4 個就對了。

這樣以後
我就不會
忘了。
嘿嘿！
平
均

一起吃飯吧，
我會平均分
配的。
第二天……

熱氣騰騰……

我有種
不祥的
預感。

1，2，3，…
一定要平
均分配。
果然
……

善良的TT——倍數

super market

特
8元

借我8元錢，讓我買下那個吧！
別想，那種暴力的東西有甚麼好！

唉！

借給我吧！
你這是甚麼意思！瞧不起我嗎？覺得我沒錢嗎？

要我借你8元錢
也行，不過……
你要還給我5
元錢的倍數。
只要還5元？好！
嘿嘿，你會後悔的，
你知道倍……
還你錢。
公園
不夠，這不是5
的倍數。
沒錯啊！昨
天你是說的5
元錢啊！
倍數是多少？

你來解釋。
我們經常說的一倍、兩倍，用的就是倍數的概念。如果一個整數能夠把另一個整數整除，這個整數就是另一個整數的倍數。
6能被2和3整除，所以6是2的倍數，也是3的倍數。除了0，一個數的倍數有無數個。
比如說，5的倍數有10、15、20，等等。
也就是說……
小野人，你最少要還給TT10元錢。
10
我就說TT不會那麼善良。

不還的話，這個就給我！
還給我！
哎喲！
是誰？
必須要賠償我的醫藥費！精神損失費……
借我點錢吧！
可以，但是你要還我那些錢的倍數。
報應！

你能排出奇特的數列嗎？

在數學中，有許多非常奇妙而有意思的規律，斐波那契數列就是其中之一。甚麼是斐波那契數列？在我們日常生活中，能看到哪些斐波那契數列的現象？

小貼士： 斐波那契數列完美地用數列概括了大自然中的一些奇妙的規律。

養兔子的規律 · 斐波那契數列的發現

有這樣一個故事：

一位農夫養了一對兔子，這對兔子一個月後長大。兩個月後，這對兔子生下了一對小兔子。三個月後，第一對兔子又生下了一對小兔子，而之前那對小兔子現在已經長大了，目前共有三對兔子。再過一個月，原來的那對兔子和已經長大的兔子各自生下一對兔子，而這時又有一對小兔子也長大了，現在總共有五對兔子。照這樣下去，每個月來計算兔子的對數時，我們就會發現一個規律：1，1，2，3，5，8，13，…

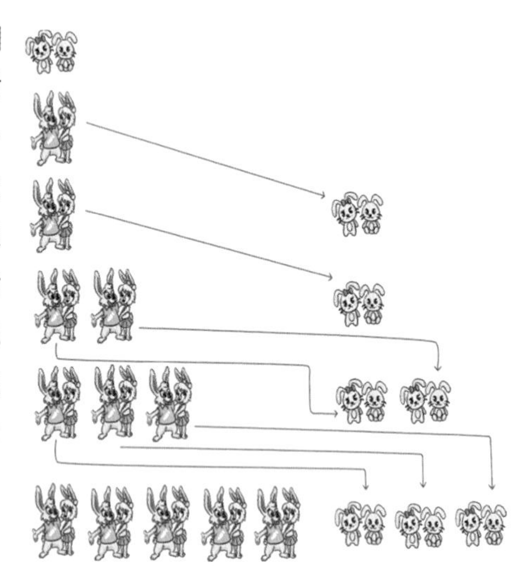

仔細觀察這個數列，就會發現前面兩個數相加正好等於下一個數。

斐波那契數列

斐波那契數列就是前面兩個數的和等於第三個數的一種數字排列。這個數列是意大利數學家斐波那契發現的，因此而得名。

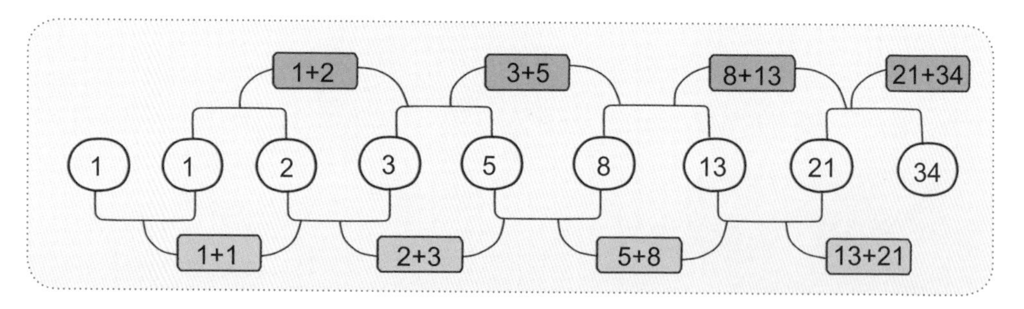

大自然的斐波那契數列

如果你曾經仔細觀察過花朵，就會發現其實在各種各樣的花瓣中也隱藏着斐波那契數列。大多數的花朵花瓣數目是 3、5、8、13。向日葵的花瓣數是 21，雛菊的是 34、55 或 89。如果我們把花瓣數目列出來，就可以得到 3、5、8、13、21、34、55、89。

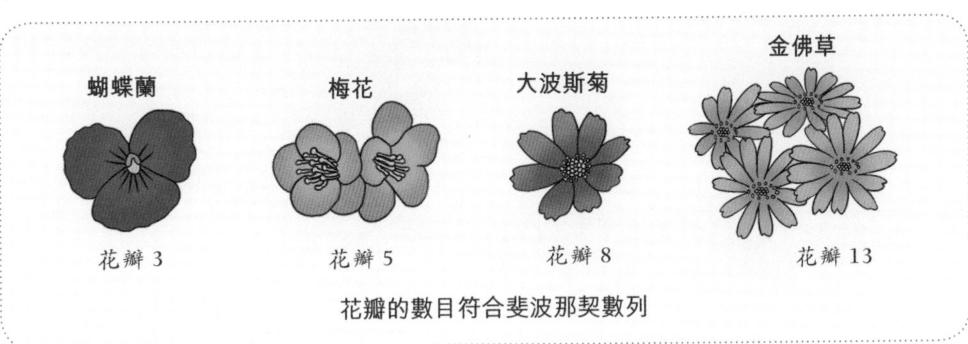

花瓣的數目符合斐波那契數列

其他生物中的數列

斐波那契數還可以在植物的葉、枝、莖等排列中發現。例如，在樹木枝幹上的一片葉子，從一個位置到達下一個正對的位置稱為一個循回。葉子在一個循回中旋轉的圈數也是斐波那契數。

動物中也有斐波那契數列，比如在蝸牛殼和一些海邊生物的殼上都可以找到斐波那契數列。

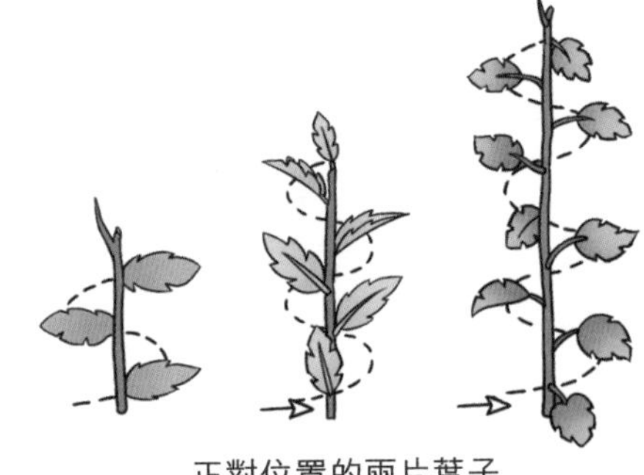

正對位置的兩片葉子

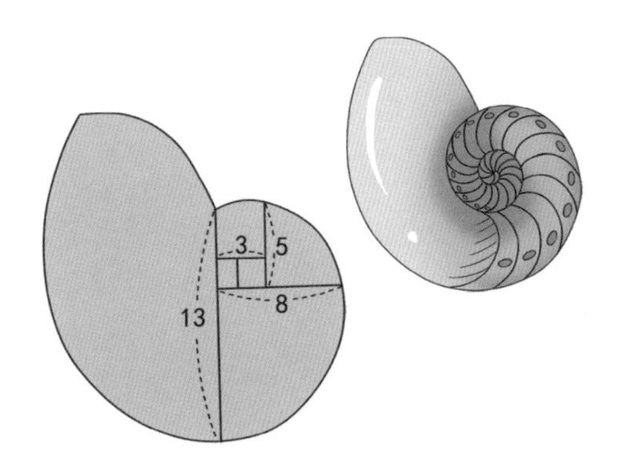

斐波那契

斐波那契，意大利數學家，曾經在埃及、敘利亞、希臘等國家研究數學，是第一個研究了印度和阿拉伯數學理論的歐洲人。

大獎從天而降——概率

抽獎
呶！

?
獎券
這是……
恭喜哦！恭喜！
恭喜你在999張紙條裏抽中了一等獎！獎品是最新型的跑車，請留下聯繫方式……
獎品登記
百分百抽大獎

能不能把跑車換成吃的……
那……

笨蛋！你以為抽中一等獎很容易嗎？

是啊！

你知道中一等獎的概率是多少嗎？
知道。

對了，那概率是多少？
唰！

概率是對隨機事件出現的可能性的量度，也就是一件事情發生的可能性有多大。概率越大，就越可能發生，像中大獎這種小概率事件，很多人一輩子都碰不上一次呢！
比如我們常說，班上同學百分之多少有把握通過這次考試，某件事情發生的可能性是多少，明天可能是晴天……這些都是概率的例子。
而這次你中獎的概率是九百九十九分之一！你竟然還想換成吃的！

就是說你和998個人一起去打獵，只有你一個人抓住了獵物，其他人都是空手而歸！知道有多不容易了吧？
原來是這樣。
算了算了，我們只要有跑車就好了。
他真的明白了嗎？
獎品！獎品！
送來了！

我竟然忘了小販送真跑車的概率是0。

調皮的小圓點——小數點

薯片
爆米花
果凍……

超市

薯片 1000 元？
10.00
pop corn
爆米花 2000 元？
20.00

我的爆米花……

怎麼甚麼都
沒買？
錢不夠。

我算過，這些總共
不超過一百呀！
10.00
薯片就1000元。

是10元，1000的中間
是不是一個小圓點？
嗯！

那個小圓點叫小數點，是數
學符號，用在十進制中隔開
整數部份和小數部份。
12.78
10.97

小數點儘管小，但是它
的作用很大，只要它稍
微變一個位置，原來的
數字就會變大十倍或縮
小到十分之一。
10.
100.
1.0

超市

比如10.5，就是十元五角，並不是105元。
10.5
這樣啊！

特
10000

便宜，來100……個！
哪裏便宜了？

10000，就是1.0000元。
他根本就沒明白。
特
10000

為甚麼小數點很重要？

小數點是一個數學符號，寫作「.」，用於分隔整數部份和小數部份。小數點看似微不足道，其實作用非常大。

小貼士： 中國是最早有小數概念的國家，比歐洲早了三百多年。

左移右移的差別・小數點的位置

小數點雖然毫不起眼，但是它的位置是非常重要的。

對於同樣的數字，小數點在不同的位置，其數值的差別是巨大的。小數點向左移動一個位置，數就會縮小到 1/10；向左移動 2 個位置，數就會縮小到 1/100。如果小數點向右移動一個位置，數就會增大 10 倍；向右移動 2 個位置，數就會增大 100 倍。

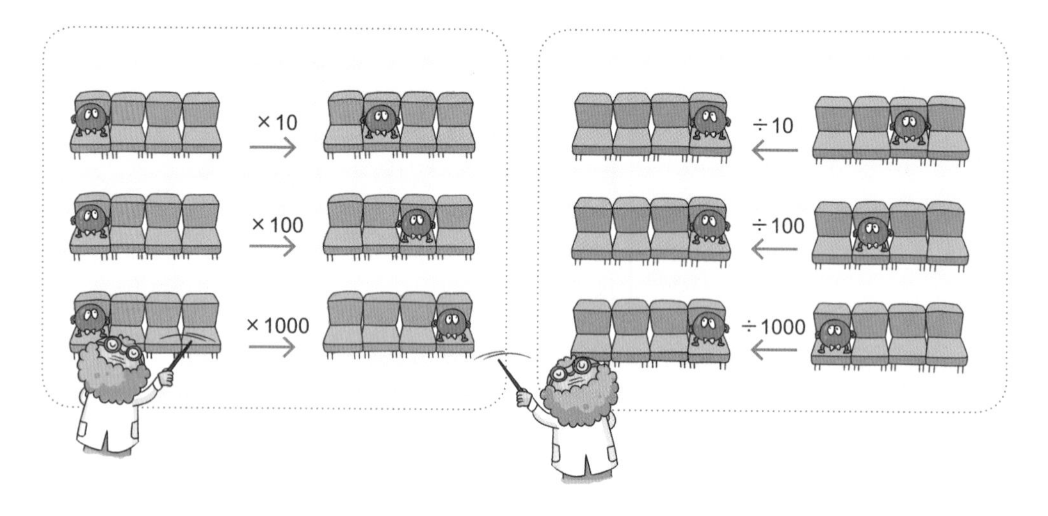

小數的加減法

小數的加減法是以小數點為標準的，小數點對齊，其他數字依次排開。之後的計算方法和自然數的一樣。

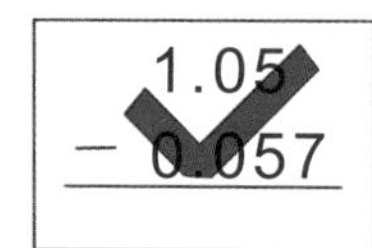

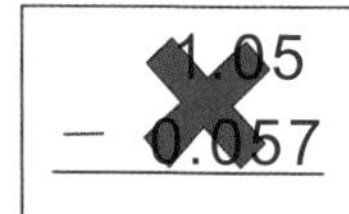

生活中的小數點

小數點在我們平時的生活中是常見常用的。

小數點的代價

1967 年，航天員科馬洛夫駕駛「聯盟一號」宇宙飛船完成任務後，成功返航。當「聯盟一號」進入大氣層後，科馬洛夫發現降落傘無法打開，飛船不能減速。地面指揮中心採取一切措施救助，可惜無濟於事。最後，「聯盟一號」載着科馬洛夫撞毀在地面上。悲劇發生後，人們經過調查發現，事故發生的原因是地面檢查的時候忽略了一個小數點，導致飛船進入軌道後發生一系列故障，最終釀成不可挽回的悲劇。

小數點的發展史

中國是世界上第一個有小數概念的國家。第一個將小數的概念用文字表達出來的是魏晉時期的數學家劉徽。他在計算圓周率的過程中用到了尺、寸、分、釐、毫、秒、忽這 7 個單位。對於「忽」以下更小的單位，統稱為「微數」。

到了宋元時期，數學家楊輝和秦九韶在自己的著作中已經開始使用表示小數的單位了。

歐洲的數學家一直到了 16 世紀才開始考慮使用小數點，比中國晚了三百多年。不過，第一個將小數點表示成今天世界通用形式的人是德國數學家克拉維斯。1593 年，他在《星盤》書中開始使用「.」，作為整數部份和小數部份的分界符。

與正數相反的數——負數

觀眾朋友們，下面播報今明兩天的天氣情況。
今明兩天最高氣溫是 3℃，最低氣溫是 -15℃。

要是在漠河就好了，52℃呢，可以吃冰棍了！

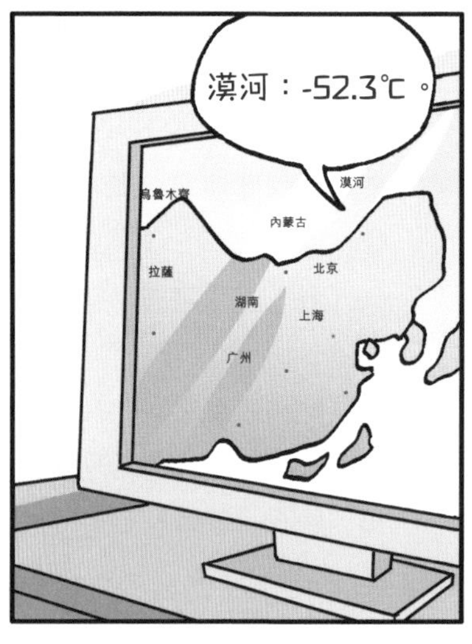
漠河：-52.3℃。
烏魯木齊
漠河
內蒙古
拉薩
北京
湖南
上海
广州

把你扔到南極去，
那裏 89.6℃ 呢，
可以天天泡熱水
澡了！
不要説這麼冷的笑話
好不好？感覺更冷了。
怎麼啦？哪裏
不對嗎？
小野人，我問你，
-52℃在哪裏？
咦？上面、下
面都有哎！
受不了啦！上
面是正，下面
是負啊！
上面是零上，
下面是零下。
唰——扯下！！
甚麼嘛，不分正
負也不能這樣對
待我嘛！
現在的氣溫是
15℃，還裹着
被子幹甚麼？

誰動了我的爆谷

昨天，寵物熊貓買了一桶爆谷，今天早上發現桶裏的爆谷少了三分之一……

分數的定義是把單位「1」或整體「1」平均分成若干份，表示這樣的一份或幾份的數。

分母表示把一個物體平均分成若干份，分子是表示這樣幾份的數。把 1 平均分成兩份，表示這樣的 1 份，寫作 1/2 ，讀作二分之一。除此之外，分數還可以表述成一個除法算式，如二分之一等於 1 除以 2 。需要注意的是，分母不得為 0 ，否則分數無意義。

黃金分割

黃金分割，又稱黃金律，是指事物各部份間的一個數學比例，即將一個事物分成兩部份，較長的部份是事物全長的 0.618。黃金分割被公認為最能引起人類美感的比例數字。

動植物

黃金分割在大自然中也有身影。如果你仔細觀察蜂巢，就會發現每一個蜂巢裏的雄蜂和雌蜂的數量比例是固定的，就是黃金分割的比例。同樣，植物中也有黃金分割。如果你身邊有成熟的向日葵，可以用尺子量一下相鄰兩圈的葵花子的直徑，這個比例也是黃金分割。

《蒙娜麗莎》

《蒙娜麗莎》是最著名的畫作。多少年來，人們一直津津樂道畫中的蒙娜麗莎為甚麼會如此美麗。其實，蒙娜麗莎的面部、頭部，乃至上半身，都採用了黃金分割。

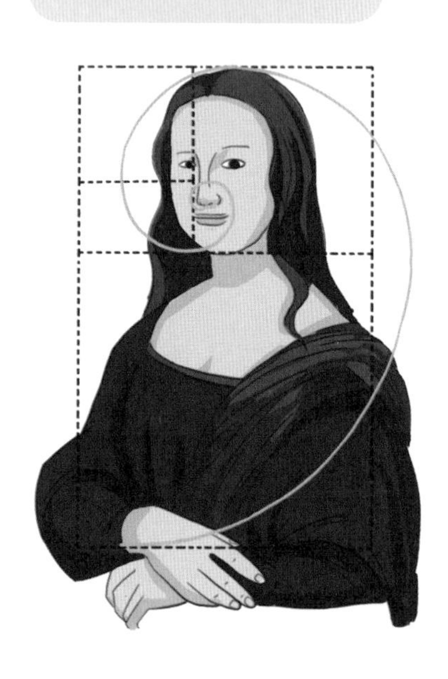

帕特農神廟

黃金分割是古希臘人最喜歡的比例，許多古希臘的建築中都有黃金比例，其中最典型的是帕特農神廟。帕特農神廟中有許多黃金矩形，這些矩形的長寬比都是「黃金分割比」，所以讓人覺得優美無比。

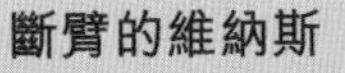

斷臂的維納斯

「斷臂的維納斯」是古希臘時期的著名雕塑，是展現女性人體美的作品。她的美也離不開黃金分割。比如，從肚臍到腳底的高度和全身高的比例恰好就是黃金分割。

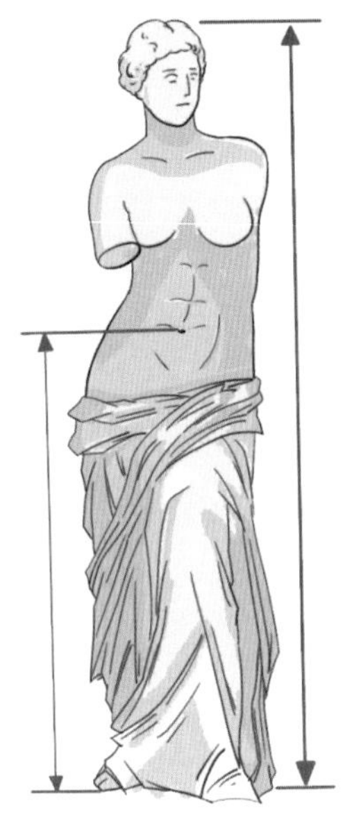

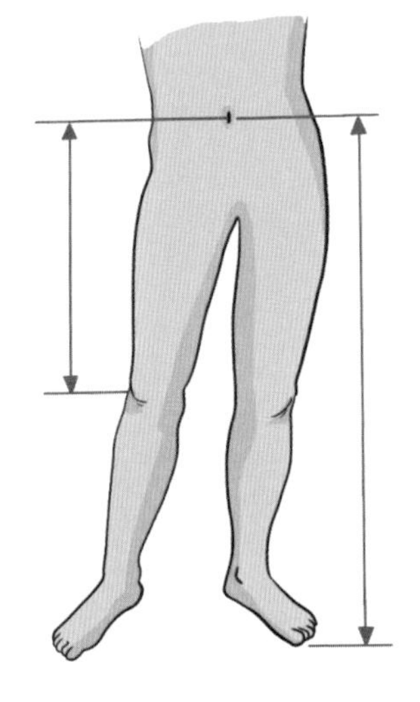

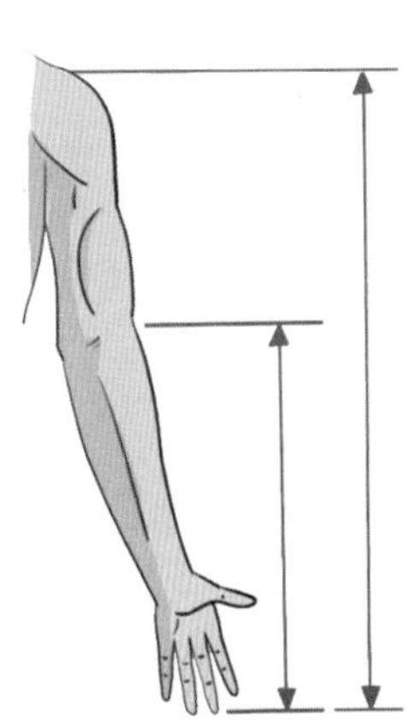

金字塔

金字塔是埃及的標誌性建築。金字塔不僅規模宏大，而且設計精巧。許多金字塔的高與底部邊長的比例都是「黃金分割比」。

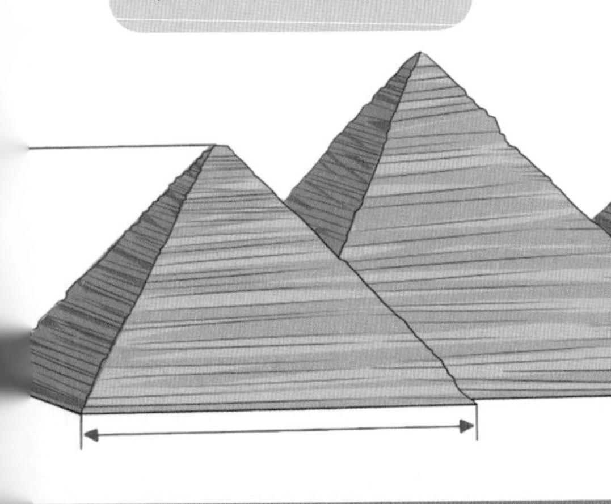

人體

更神奇的是，我們每一個人的身上都能找到黃金分割。我們的肘關節到中指指尖的距離和胳膊全長的比例是黃金分割，肚臍到膝蓋的長度與肚臍到腳底的長度比也是黃金分割。

單和雙——奇數和偶數

老闆，有蘋果嗎？

我這裏東西齊全，應有盡有！

蔬菜
水果

好了，就這些吧！

再加一個吧，六六大順，雙數吉利！

超市

我嚐嚐看。

咬！

呸——
壞的！

走，我們去找老闆去！

剛才的客人買了一個單數！不吉利！
老闆我現在很生氣，惹我的後果很嚴重！

黑眼圈的小聰明——乘方與次方

小野人，你要是能把這張報紙摺30次，我的這桶爆谷就給你當晚飯！
好！如果我不能把這張報紙摺30次，我這桶野果就給你當夜宵！

摺來摺去……

嘩啦！嘩啦！
怎麼樣，第幾次了？

8次了……
扭……

喂，你們在幹甚麼？
我剛清潔完！

熊貓讓我摺紙，
摺 30 次。

熊貓，你又欺負
小野人了？
嘻嘻……滿
桶的野果，
現在只剩下
一兩個了。

小野人，別摺了，
要知道你要是把
報紙摺 30 次，它
的厚度就超過珠
穆朗瑪峰了。

看來我又要給你
上一課了。
0.08 毫米，對摺……
0.01 毫米

我們用的一般的報紙，
厚度大約是 0.08 毫米，
就和我們頭髮絲的直
徑差不多。
如果我們用一張比練
習簿更薄的紙，厚度
0.01 毫米的紙來摺。

我們將這張紙
對摺、對摺、
再對摺……對
摺一次，這張
紙的厚度就變
成原來的兩倍，
再對摺就變成
了原來的 4 倍，
再對摺就是 8
倍了。
對摺 30 次後，所得
的厚度就成為原來厚
度的 2×2×2×…(30
個 2 相乘) 倍數。

2×2×2×2×2×…
那結果是？
等於 1073741824
啦！

熊貓是速
算天才！

我有計
算機器！

珠穆朗瑪峰是 8844.43 米，
0.01 × 1073741824 是……
真的哎，比珠穆朗瑪峰高！

明白了吧！

結果是 1 萬
米吧？

玩轉數學

德國數學家康托爾說：「數學的本質在於它的自由。」我們習慣認為，數學是非常奧妙高深，甚至讓人畏而遠之的。但是，當我們真正深入學習，走進數學王國的時候，就會發現原來數學是如此有趣。所以，認識數學、學習數學，都不應該抱着壓力，而應該自由地去學習，讓自己的思維放開，就當學習數學是一場好玩的遊戲吧！

怎樣瞄最準——直線

走過路過，
不要錯過！
誰打中了靶的紅心，誰就可以得到一包爆谷啊！

啊，爆谷！老闆，我要打靶！

咔嚓！

嘭嘭嘭！

為甚麼射擊時要用這東西瞄準呢？
那是準星。
為甚麼射擊時要用準星來瞄準呢？
這個我知道！這是利用了直線公理吧！

直線還有公理呢？
少見多怪，我們畫條直線就知道了。

嘶

我們知道，通過一個點可以畫很多條直線，如果通過兩個不同的點，最多可以畫多少條直線呢？
一條？

答對嘍！
嘭！

如果我們畫出一條直線，再畫點的話，要麼在這條直線上，要麼不在這條直線上，只有這兩種情況而已。所以，打靶也是利用了這個原理。
當我們通過準星可以看到靶心的時候，這就說明眼睛和準星、靶心三點是成一線的。

這樣，就說明槍口正對着靶心，射擊命中的概率就大大提高啦！

哈哈，正是憑藉這樣原理，咱的槍法是百發百中啊！老闆，拿爆谷來！

你也不看看你打到哪裏去了。
熊貓
TT

怎樣走最近——垂線

指示牌是用來指導遊客遊覽整個動物園的，很遙遠。你就不會走垂直線，直接穿過來嗎？

垂直線？
打個比方，如果你面前有一個蘋果，你一定會直直地走過去拿起它，而不是繞一圈才去拿它，因為這是最快得到蘋果的方法。

所以，在同一平面內，從一點到一條線上，可畫出無數的直線與原線相交。其中只有一條與原線垂直，這條直線就是垂線。

一點到一條直線所有的線段中，垂線最短，這是數學定理。

第二天……

爬！

可能是想抓屋頂的鳥吧！
嗖！
他在幹嗎？

這幢樓擋住了我的垂線，爬過去，我就能很快到家了。

你乾脆用蠻力搬開它好了！

好！
跳下！

嗨——推推推！

線有哪些特別之處？

平時我們總能看到很多線，有筆直筆直的，有彎彎曲曲的，你知道它們分別叫甚麼嗎？點和線有甚麼關係？「三點一線」有甚麼實際應用？

小貼士： 歐幾里得認為線代表了長度，而線是沒有寬度的。

把兩個點連接起來．直線、曲線和線段

我們先來看一個問題：這裏有兩個屋子，試想一下，連接這兩個屋子的會有幾種不同的道路呢？

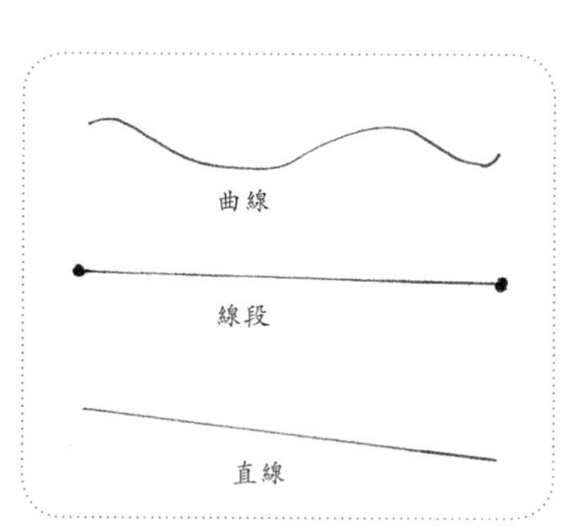

可以看出第一張圖中的線是彎曲的，就是曲線。第二張圖是兩個點間的一段線，就是線段。最後一張圖中線的兩端無限延伸，就是直線。

向一個方向延伸的射線

除了直線、曲線和線段，還有一種射線。射線有一個端點，而且向一個方向無限延伸。

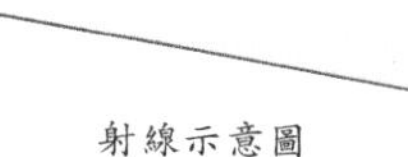

射線示意圖

點與線

直線是由無數個點組成的。

通過兩個點的直線只有一條，但通過一個點的直線卻有無數條。

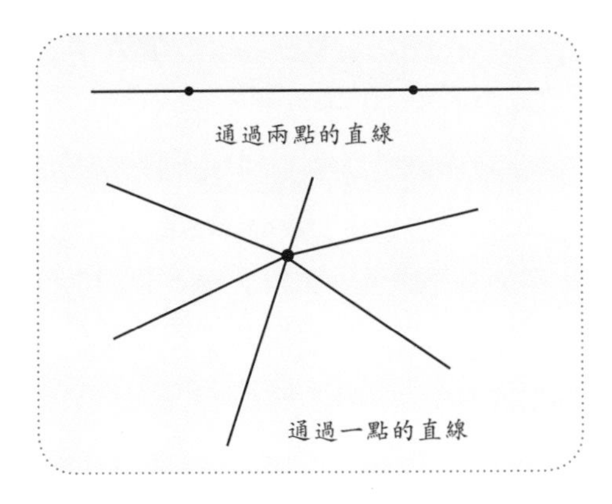

平行線和角

兩條不管怎麼延伸都不會相交的直線，就是平行線。

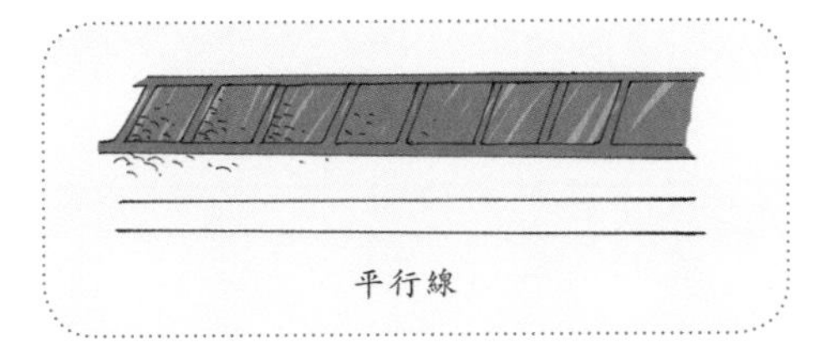
平行線

由兩條邊和一個點構成的圖形，就是角。

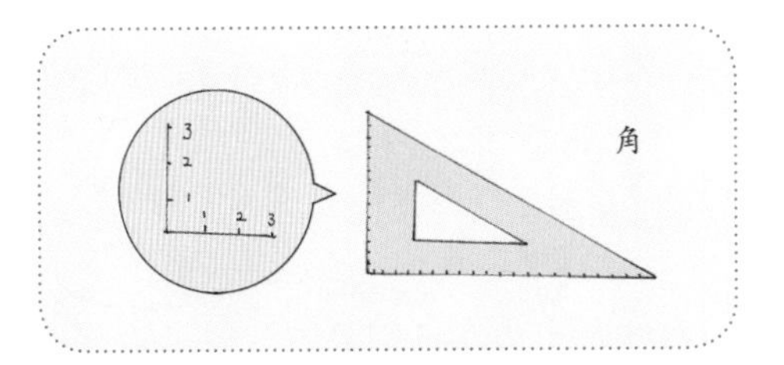

射擊中的「三點一線」

射擊的基礎原理是「三點一線」，即缺口、準星和靶心三點一線。只有當這三個點處於一條直線上時，射擊的精度才會比較高，成績才會更好。

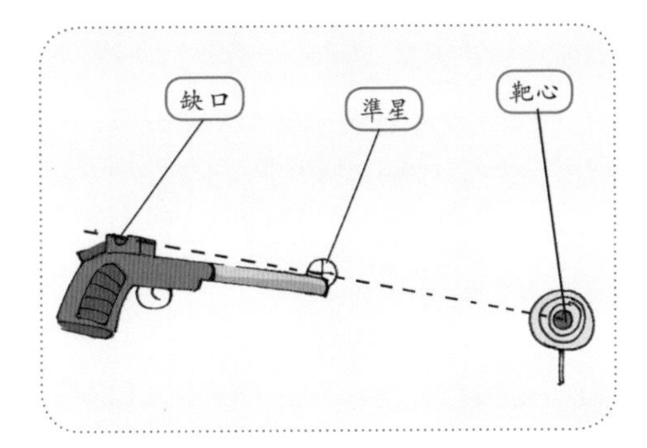

第一個整理點和線的人

第一個整理點和線的人是希臘的數學家歐幾里得。公元前300年左右，歐幾里得總結了希臘的數學知識，寫成了《幾何原本》一書。在這本著作中，歐幾里得定義了點和線：

點是沒有大小的，只是用來表示位置。

線代表的是長度，但它沒有寬度。

直線由無數點組成。

黑眼圈的誘惑——乘法口訣

喜歡這個嗎？
點頭
不如這樣，我店裏最近缺人，你來幫我打工，一天工錢是10元錢，怎麼樣？
1，2，3，4，…哎呀，手指不夠用！TT 借我……
傻瓜！你只要9天就可以得到那個玩具了。
不不不，只要會背乘法口訣，就可以了！

乘法口訣，又叫「小九九」，是小學生必備的歌訣。
小九九
小九九是中國古代籌算中進行乘法、除法、開方等運算中的基本計算規則，也是數學中最基礎的知識之一。

乘法口訣，是從「一一得一」開始的，到「九九八十一」結束，一般只用到 1-9 這 9 個數字。9 乘 9 有 81 組積，九九表只需要 1+2+3+4+5+6+7+8+9=45 積項。
明代珠算也有採用 81 組積的九九。45 項的九九表稱為小九九，81 項的九九表稱為大九九。
知道了嗎？只要將乘法口訣全部背下來，以後遇到簡單的數學問題就可以不用數手指了。
好！我一定會背下來！
你到底要不要來幫忙啊？

把錢變多的方法——大小寫

我要芝士蛋糕
巧克力蛋糕
草莓雪糕！

哇，你……
你居然要了
這麼多？

真好吃！
你知道嗎？
我們的錢
不夠了！

不夠？我
有辦法！
唰！

?
?

不用找了。

等等……

你們一共消費了100元。
這就是100元啊！

這是 10
元的！
啊？這樣
不行嗎？
100元
這個大寫的數字
是改不了的。
人們日常使用的錢幣、支票等
各種收據憑證中，除了有阿拉
伯數字以外，還要寫上大寫數
字：「壹、貳、叁、肆、伍、陸、
柒、捌、玖、拾」，這
樣就沒法塗改了。
你為何哭得
這麼傷心？
我還要為你
們付款！

模糊的體重
——模糊數學

① 1 斤 =0.5 千克。

65斤，有點
兒瘦吧！

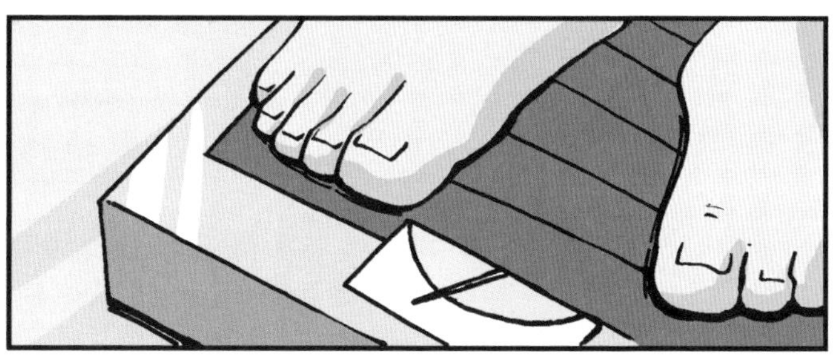

80斤……
我是胖
還是瘦
呢？

到底是比你
胖還是比你
瘦呢？
不胖也不瘦。

你比黑眼圈瘦，但是比我胖。

原來我是最
正常的人！
哈哈！
才不是，
那只是模
糊數字啦！

模糊數字是研究和處理模糊性現象的一種數學理論和方法。雖然數學是一門精確的科學，可是在生活中，我們經常會遇到比較模糊的概念。
比如我們三個人的體重，黑眼圈比較胖，我比較瘦，但是你是胖還是瘦，就不好說了呀！
這個時候，模糊數學就可以簡單表達，生活中好多界限不分明的事物，都可以用模糊數學來表示。
那我要變得和你一樣瘦好呢，還是和黑眼圈一樣胖好呢？
我可不想身邊有兩個胖子。
那我們去跑步減肥吧！
等我的體重超過了我爸爸再說吧！

甚麼是模糊理論？

看完了模糊數學這個故事，一定對模糊理論有了一些認識了吧？模糊理論是誰先提出來的？實際生活中採用模糊理論和不採用模糊理論的東西有甚麼不同？

小貼士： 模糊理論包括模糊數學，它還是一個新生的理論，仍在不斷地研究和發展。

給「漂亮」定標準 · 模糊理論的誕生

扎德是美國加利福尼亞大學伯克利分校的一位教授，他不僅學識淵博，而且還有一位非常漂亮的太太。有一天，他突然想到別人都說他的太太漂亮，究竟怎麼樣才算漂亮？漂亮的絕對標準是甚麼？能不能把漂亮換算成數字來量化呢？

在這個基礎上，扎德教授於 1965 年提出了模糊理論。

在沒有模糊理論之前，我們的電腦對一個事情的判斷只有兩個答案：「是」或者「不是」。如果讓電腦來判斷一個人的相貌，它只能得出「漂亮」或者「不漂亮」兩個答案。但是，我們人腦在思考的時候，還有「比較漂亮」「不太漂亮」這樣比較模糊的答案。所以採用模糊理論可以讓電腦像人腦一樣思考。

簡單的模糊理論

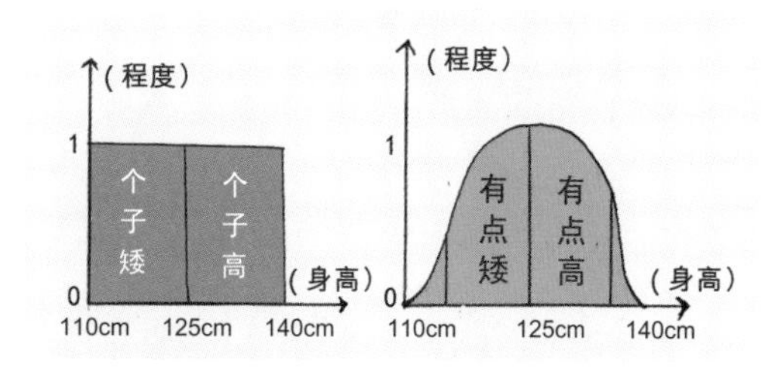

一個班級裏身高最高的學生是 140 厘米，最矮的是 110 厘米，全班平均身高是 125 厘米。在沒有模糊理論前，電腦智能判斷高和矮，會把高於 125 厘米的學生判定為高個子，把身高低於 125 厘米的學生判定為矮個子。但這樣劃分太籠統了。如果採用了模糊理論，除了高和矮，電腦還可以得出「有點高」和「有點矮」。比如，電腦可以將身高 126 厘米的學生判定為「有點高」，把 124 厘米的學生判定為「有點矮」。

我們生活中的模糊理論

除了電腦，我們生活中還有很多地方應用了模糊理論，尤其在電器方面應用廣泛。

地鐵在停靠站和出站的時候是電腦全自動控制的。如果不採用模糊理論，只有「停止」和「加速」兩種方式的話，就會發生在行進中突然急剎車和靜止時突然開動加速現象。地鐵採用了模糊理論後，就會在「停止」和「加速」之間分成好幾個階段，會讓車身慢慢停下來，也會讓車身慢慢開起來，不會出現「急停急開」的現象了。

市面上有一些電飯煲，上面只有「開」和「關」兩個按鈕。當裏面的飯涼的時候，開關就會調整到「開」，重新加熱；如果溫度太高，開關就會自動跳到「關」。這種電飯煲只有兩種操作方式：開了又關，關了又開。一些使用了模糊理論的電飯煲就不會出現這種情況。它們會根據溫度的高低進行稍微加熱、固定溫度、超強加熱等，不會使溫度一會兒低、一會兒高。

路燈是為了照明。在晚上路燈打開，早晨路燈關閉。如果不採用模糊理論，路燈的開關都只能設置成固定的時間，比如早晚七點鐘。但是，有的時候路燈還未到開的時間，天色已暗；或者天早就亮了，路燈仍開着。採用模糊理論後，路燈就會變成「天亮了路燈關，天暗了路燈開」的模式，這樣就方便多了！

「達菲泥」密碼——運算符號

湊近！

……拜託，這是算術符號好不好！
+，-，×，÷，%，∝，∧，∨，~，≠，≤，≥，≈）

算術符號，最早出現在德國人瓦格涅爾和韋德曼的著作裏，他首先使用「+」和「-」這兩個符號，表示箱子重量的「盈」和「虧」。後來被數學家用作加號和減號。據統計，初、高等數學中經常使用的數學符號有兩百多個，中學數學中常見的符號也有一百多個。
比如「加減乘除」，它們表示數之間進行加法、減法、乘法、除法運算，這種表示按照某種規則進行運算的符號叫作運算符號。數學符號可以表示十分廣泛的客觀事物，這是數學符號的威力和奧妙所在。

可我明明聽到黑眼圈說因為「達菲泥密碼」太無聊了，讓他想睡覺。

笨蛋，那是丹．布朗的小說《達．芬奇密碼》那本書啦！

……

嘻嘻……

你又怎麼了？

一小時後

÷，∨，～，≠，-，≥。
黑眼圈，想要找到你的爆谷，
就解開這個密碼吧！

讓數字有意義——數字單位

因為我嘲笑她了！

老師讓TT唸出來。
1234567890000

1，2，3，4，5，6，7，8，9，0。
她也是這麼唸的，可老師說這是一個數，她唸錯了。
……億，十億，百億，千億……
後面是甚麼？
「萬」以下為十進制，「萬」以上為萬進制，1億＝10000萬，1兆＝10000億。
個
十
百
千
萬
億
兆
京
垓

1234567890000

我知道了，這唸一兆二千三百四十五億六千七百八十九萬！
恭喜你！

好！現在就去 TT 那兒唸出這個數字，再好好嘲笑她一番！
9

怪不得 TT 會朝他發火……

數字為甚麼離不開單位？

我們在使用數字時，都是和單位連在一起使用的。比如，5 米、7 千克、12 秒等。正是因為有了這些單位，才使數字變得有實際意義。

小貼士： 數字單位是在測量長度或量時所使用的固定標準。

一切從測量開始 · 單位的產生

古時候的人們為了交易方便，發明了測量物體長度的各種器具和單位。

最開始的時候，人們沒有尺子，就用身體的某一部份來充當測量的工具。比如，人們會用指頭的長度、手臂的長度來測量物體。可是，每個人的身材比例是不一樣的，一個身材高大的人和一個身材矮小的人，他們的手指、手臂的長度就會有很大差別，測量的結果自然就不夠準確。

各個國家的長度單位

1米有多長？

米是我們現在常用的長度單位。它是在 1791 年由巴黎科學院制訂的。當時規定的 1 米是從北極到赤道長度的千萬分之一（子午線通過巴黎）。但是當時並沒有實際測量從北極到赤道的距離，而是以從法國敦刻爾克到西班牙巴塞羅那的距離為標準，制訂出了 1 米的定義。

公制單位

由於以前各個國家使用的單位都不一樣，換算起來非常麻煩，於是就誕生了公制單位。

公制單位包括表示長度的米、表示質量的千克、表示容量的升、表示時間的秒等。公制單位是全世界共同採用的度量衡單位。

當然，也有一些國家和地區在某些特定的情況下不使用公制單位。比如我們中國常說的「畝」。按照公制換算，一畝的面積大約是 666.67 平方米。

公制單位的歷史

1799 年，法國使用了公制單位。

1875 年，世界各國在巴黎簽訂國際公制法草約，全世界大部份國家開始使用公制單位。

1889 年，國際度量衡總會上，將公制單位定為世界共同使用的單位。

生活中的數學

人類的生活離不開數學，從最簡單的數字，到高深的數學理論，都在影響着人類社會的發展。有了數學，我們能夠清楚地計數；有了數學，我們可以精確地進行各種計算；有了數學，我們的生活變得更加豐富多彩。

孫悟空的煩惱——宇宙速度

一個筋斗就翻到太陽上？你是在說夢話吧！
想要到太陽上去，首先要達到 11.2 千米 / 秒的宇宙速度，才能脫離地球引力。
從地球到太陽最近的距離，大約是 1.471 億千米，而最遠的距離大約有 1.521 億千米呢！
十萬……千百億……

當然了，因此以後出去可不要說孫悟空一個筋斗就到太陽之類的話，會被人笑話的！

「代溝」嚴重啊！！

學數學 有哪些小工具？

直尺、三角板、量角器、圓規都是我們學習數學的小工具，你見過這些小工具嗎？了解這些小工具嗎？你知道直尺、三角板、量角器和圓規都有哪些用途和用法嗎？

小貼士： 圖形是數學中非常重要的一部份，這些簡單的工具便於學習簡單的圖形。

直尺 · 畫直線和測量長度

直尺是畫直線的工具，因為上面帶有刻度，所以也是測量長度的工具。

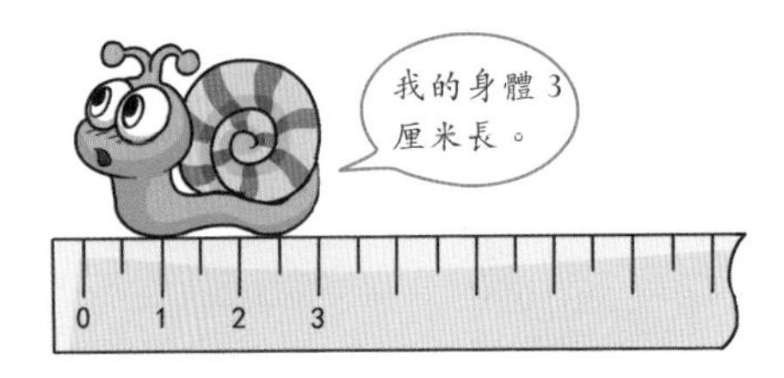

三角板

我們常用的直角三角板有兩種：一種度數分別是 30°、60° 和 90°，另一種度數分別是 45°、45° 和 90°。

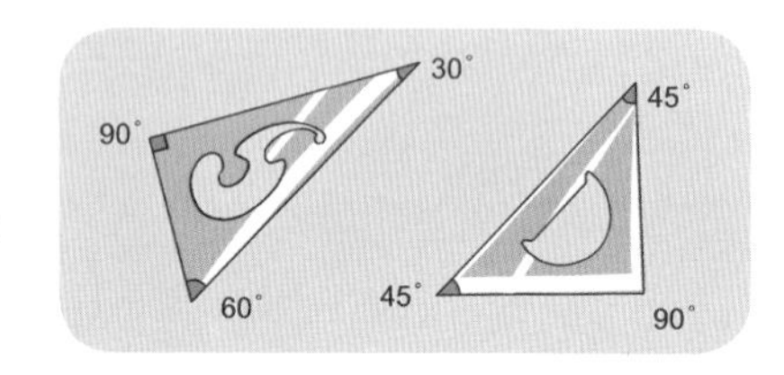

利用這兩個三角板可以畫平行線。

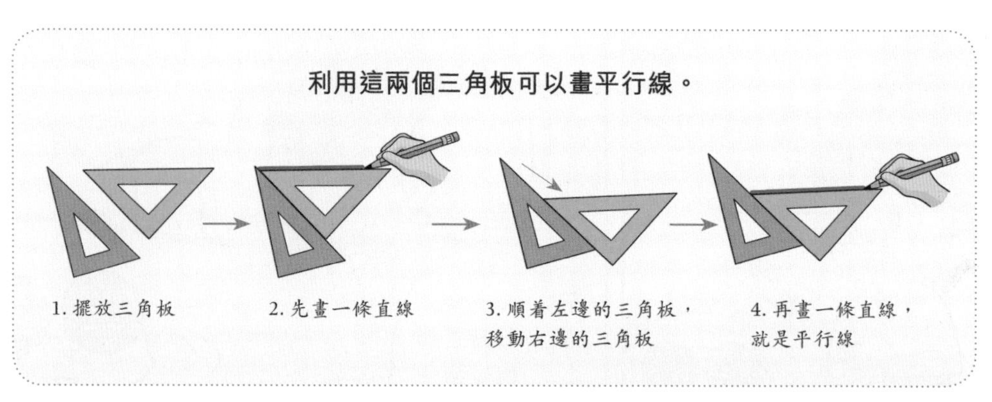

1. 擺放三角板
2. 先畫一條直線
3. 順着左邊的三角板，移動右邊的三角板
4. 再畫一條直線，就是平行線

量角器

量角器是一個帶有刻度的半圓形工具。量角器功能有很多，主要用來測量角度、畫角、畫垂線。

量角度

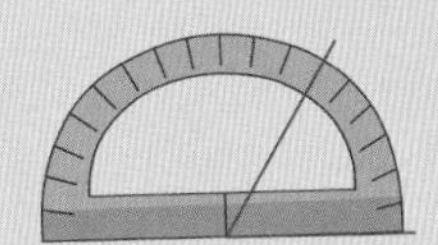

1. 用量角器測一個角

畫不同度數的角

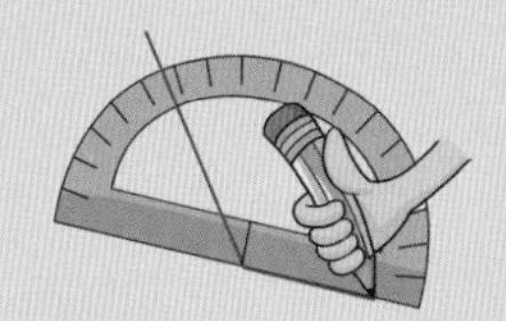

2. 用量角器畫一個角

畫垂線

3. 用量角器畫一條與直線呈 90° 的垂直線。

圓規

圓規是數學和繪圖中最常用的畫圓工具。圓規有兩隻腳，上端鉸接，下端可以隨意分開或合攏。一隻腳的末端是可以固定的針尖，另一隻腳的末端可以裝鉛筆或者鉛筆芯畫圓。

圓規畫圓的方法

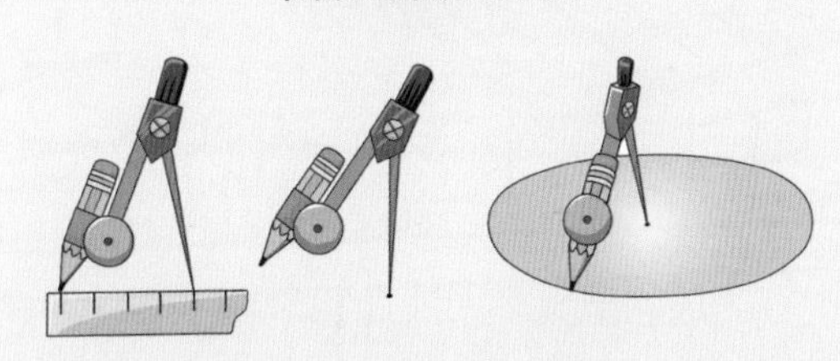

1. 用尺子量圓規兩腳間的距離，確定半徑。
2. 把帶有針的一端固定，作為圓心。
3. 用帶鉛筆芯的一端旋轉一周，一個圓就畫出來了。

尺規作圖

尺規作圖指的是使用圓規和直尺作圖。這是源自古希臘的一個數學課題。尺規作圖規定，只能使用圓規和直尺作圖，而且直尺是沒有刻度的，並且限制了圓規和直尺的使用次數。儘管有諸多限制，尺規作圖依然可以解決許多平面幾何中的作圖題目，這體現了數學家高超的智慧。

數字會唱歌——簡譜

你在幹嗎？
唱歌啊，可是不知道為甚麼這首歌只有7個數字，還一直在重複，我都唱暈了。

這不是數字，是簡譜啦！簡譜！

簡譜，是指一種簡易的記譜法，有字母簡譜和數字簡譜兩種。這個是數字簡譜。
si
la
sol
fa
mi
re
do
1、2、3、4、5、6、7是音階中的7個基本音級，讀音為do、re、mi、fa、sol、la、si，休止以「0」表示。
可以教我嗎？這樣我也能去街頭唱歌賺錢了！

我幫你收錢。

第二天……

這是甚麼呀？

這是我發明的圖形簡譜，怎麼樣？是不是更好記了？
44
12
33
12
13
4
3
1
41
44
我看是更難記了才對。

刀 (do)……辣 (la) 椒……
米（mi）……頭髮

快樂新年——時差

嘿嘿，TT 前腳
剛走，我後腳
就溜了。

他們不帶我去，
真不厚道！
嘶嘶……

小野人，你連身
份證都沒有，更
別提護照了！

喂，TT，新
年快樂！

搞甚麼，現在
是12月31號上
午11點啊！

黑眼圈呀，祝
你新年快樂！

喂，搞甚麼，也
不看看現在是甚
麼時候，新年早
過了，現在是1
月1號凌晨1點！

怎麼時間還不一樣
呢？這是為甚麼呢？
砰砰！
砰啪！

會跑的數字——郵政編碼

這個框太小了。
……？
那不是寫字的地方。信封上面和下面的這六個框是用來寫郵政編碼的。
郵政編碼是甚麼？

郵政編碼是由郵件機器分揀的郵政通信的專用代號，是寄送、交寄信件和包裹時必需的內容。
10
05
03
27
47
郵政編碼是由六位數組成的，每個地方的郵政編碼都不同。

字是寫在這裏面裝進信封裏的，信封上寫下地址和郵編明白了嗎？

哦哦！可是我不知道家裏的郵編呀！
還是下次回家的時候，我親自帶回去吧！

怎樣計算概率？

人們常說有百分之多少的把握能通過這次考試，某件事發生的可能性是多少……這些都是概率的實例。人們是怎麼發現概率理論的？我們生活中有哪些涉及概率的問題呢？

小貼士： 生活中的概率問題大都是靠主觀猜測，而數學中的概率則是通過科學計算得出的。

賭注該如何分配 · 概率的起源

概率論起源於對賭博問題的研究。三百多年前，歐洲國家的貴族之間盛行賭博。其中有一個賭徒提出了「分賭注問題」：

如果甲和乙同擲一枚硬幣，若正面朝上，甲得 1 點；若反面朝上，乙得 1 點。雙方規定先得到 3 點的一方贏得全部的賭注。如果甲得到 2 點，乙得到 1 點，賭局由於某種原因被迫中止了，那麼他們的賭注應該怎樣分配才算公平呢？

概率研究的開始

賭徒們百思不得其解，就向當時法國的數學家帕斯卡請教「分賭注問題」。帕斯卡覺得這個問題非常有趣，就和另外一位數學家費馬一起研究起來。

再擲一次	結果	賭注分配
反面	甲勝	甲得全部賭注
正面	乙勝	雙方平分賭注

帕斯卡的結論：不管結果如何，甲都將得到至少一半的賭注。乙扳平的概率是二分之一，他最多能得到剩下一半賭注的二分之一。所以，最後的結果是甲應得四分之三賭注，乙應得四分之一賭注。

再擲兩次	結果	賭注分配
正面 正面	甲勝	甲得全部賭注
正面 反面	甲勝	甲得全部賭注
反面 正面	甲勝	甲得全部賭注
反面 反面	乙勝	乙得全部賭注

費馬的結論：可以看出前三種情況，甲獲得全部賭注。只有發生第四種情況，乙才能獲得全部賭注。所以，甲應該獲得四分之三賭注，乙應該獲得四分之一賭注。

帕斯卡和費馬的研究直接推動了概率理論的發展。

簡單的概率

在計算某一種情況發生的概率時，首先需要考慮所有可能發生的情況。比如，你在和小朋友玩「石頭、剪刀、布」，小朋友下一次出「石頭」的概率是多少呢？
這時就需要先考慮小朋友下一次都可能出甚麼，再計算出出「石頭」的概率。

可能出的有三種，那麼出「石頭」的概率就是三分之一，同樣，出「布」和「剪刀」的概率也分別是三分之一。

不同順序的概率理論

有的時候，計算概率還需要考慮順序。小明、小美和小強是學校運動會的短跑接力賽選手。為了贏得勝利，他們三個每天都加緊練習。如果小明跑第一棒、小美跑第二棒、小強跑第三棒，那麼這種接棒方式的概率是多少呢？要弄清這個問題，就需要考慮到順序了。

你看，按照不同人跑不同棒的順序，他們三個總共可以有 6 種接棒的方式。那麼，第一種接棒方式的概率也就是六分之一！

不同的接棒方式

第一棒	第二棒	第三棒
小　明	小　美	小　強
小　明	小　強	小　美
小　美	小　明	小　強
小　美	小　強	小　明
小　強	小　明	小　美
小　強	小　美	小　明

小野人的賬單——數字的來歷

那你為甚麼不用
數字來記呢？
你該不會連數字
都不會用吧？
誰說我不
會了？

那你說，數字是
怎麼來的？
借錢……記下來
……來的。

其實，在古時候是沒有數字的，
人們在繩子上打結或者用石子來
表示所打的獵物。後來，要記錄
的數字越來越大，聰明的古人就
發明了數字符號。

後來我們就開始使用阿
拉伯數字。但是阿拉伯
數字可不是阿拉伯人發
明的哦！
那為甚麼要叫
阿拉伯數字？
古時候，印度人用橫線表示數字，但
經過近千年的變化，逐漸成為阿拉伯
數字的模樣。公元 8 世紀，印度人把
這些數字介紹給阿拉伯的最高統治者
哈里法，哈里法下令在全國推廣。
1234
5678
9 1

後來，歐洲人從阿拉伯人那
裏學習了這種數字，便稱它
們為阿拉伯數字。

你現在知道用數字
記錄最方便了吧？

先還我肉串和野
果再說！

一天的時間——時辰和小時

一天結束了！

小小地球圓又圓，圍著太陽打圈圈，有公轉，有自轉；
公轉一圈要一年，自轉一圈要一天。

知道嗎？一天有多少時間，就是根據我自轉的時間來確定的哦！

啦啦啦，我轉一圈只要 24 小時。
我想快就快，想慢就慢！

怎麼回事，我的速度慢下來了。整整慢了42分鐘啊！

我要奮起直追！

秒錶也甩在一邊！不行了，怎麼又慢了14分鐘又14秒啊！

啊，新的一天又來到了！
不對，新的一天是從0點開始的。

圓周率的計算歷史

人類在很早很早以前就發現了圓周率，並且一直在計算圓周率，希望得到更精確的數值。在計算圓周率的歷史中，體現了人類無窮的智慧。從古至今，人們都使用甚麼樣的辦法來計算圓周率呢？

多邊形法

古希臘的幾何水平非常高，大數學家阿基米德利用圓內和圓外正多邊形的周長計算圓周率。他演算到正 96 邊形後，得出了圓周率是 3.1418 這個答案。

繩棍法

很早之前的古埃及人學會了使用棍子和繩子來計算圓周率的方法。

割圓術

公元 263 年，中國魏晉時其的數學家劉徽創造了「割圓術」，不斷增加圓的內接正多邊形的邊數，使正多邊形的周長無限接近圓的周長。這與阿基米德的多邊形法有異曲同工之妙。

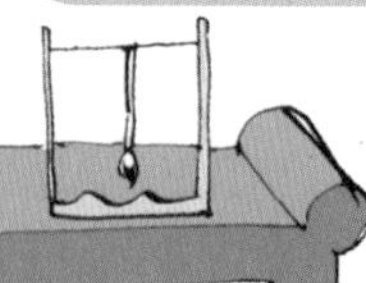

甚麼是圓周率？

圓周率，一般用 π 來表示，是指圓的周長和直徑的比例。這個比例是一個固定的值。

換句話説，圓周率代表圓的周長是直徑的多少倍。這個倍數是 3.14159…，小數點後是永無止境的數字。

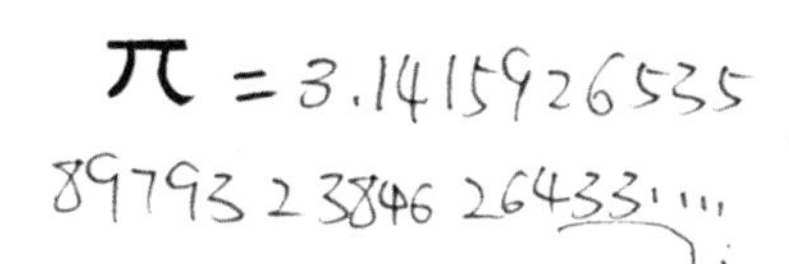

計算機時代

電子計算機的出現使圓周率的計算有了突飛猛進的發展。人們首次使用計算機用 70 個小時就將圓周率計算到小數點後 2037 位。

無窮級數法

16 世紀，隨着數學的發展，人們開始使用無窮級數的方法計算圓周率。德國數學家魯道夫花了一生的時間來計算圓周率。最終他將圓周率精確到小數點後 35 位。

二百多年後，數學家祖沖之算出了圓周率在 3.1415926 和 3.1415927 之間，將圓周率精確到小數點後 7 位。這一紀錄直到一千多年後才被人打破。

商品也有身份證——條形碼

超市

嘀！
商品名稱：
XX
價格：20 元
產地：上海

太神奇了吧！這些信息是怎麼跳出來的？

真笨！商品包裝上有條碼。

就是這個。
4607014057004
設計條碼的初衷是使商品能夠在全世界自由地流通。EAN 商品條碼是國際物品編碼協會制訂的一種商品用條碼，通用於全世界。

商品的條碼是按照一定的編碼規則編製成的，它就好像人的身份證一樣，一個條碼只能對應一種商品。
當用專門的機器讀取條碼時，可以直接顯示貨物的簡要信息，這大大縮減了銷售過程中的工作量。
這樣買東西，真的會方便很多啊！
請等一下……

笨雞蛋：3 元
4 057004

DIY 開始了——對稱

手工
黏土館
那是甚麼啊？

可以打獵哦！
我用黏土做的木棒！

棒子？明明是雞腿！

還是來欣賞一下本小姐做的黏土飛機吧！
啊？

噢噢，這是最新型的打獵棒子嗎？
那我們一起去打獵吧！

啪！
想跟他溝通明白，那我簡直就是個傻瓜！

過了一會兒……

這是你做的打獵棒子嗎？
TT？

這是我做的飛機！飛機啊！

飛……飛機應該是對稱的吧……
對稱？

對稱是兩個圖形的一種位置關係，又分為軸對稱和旋轉對稱兩種。
翻過去
拿飛機來說，我們可以在它的外形圖上找到一條中心線，線兩邊的圖形是完全一樣的。
哦！
哇！

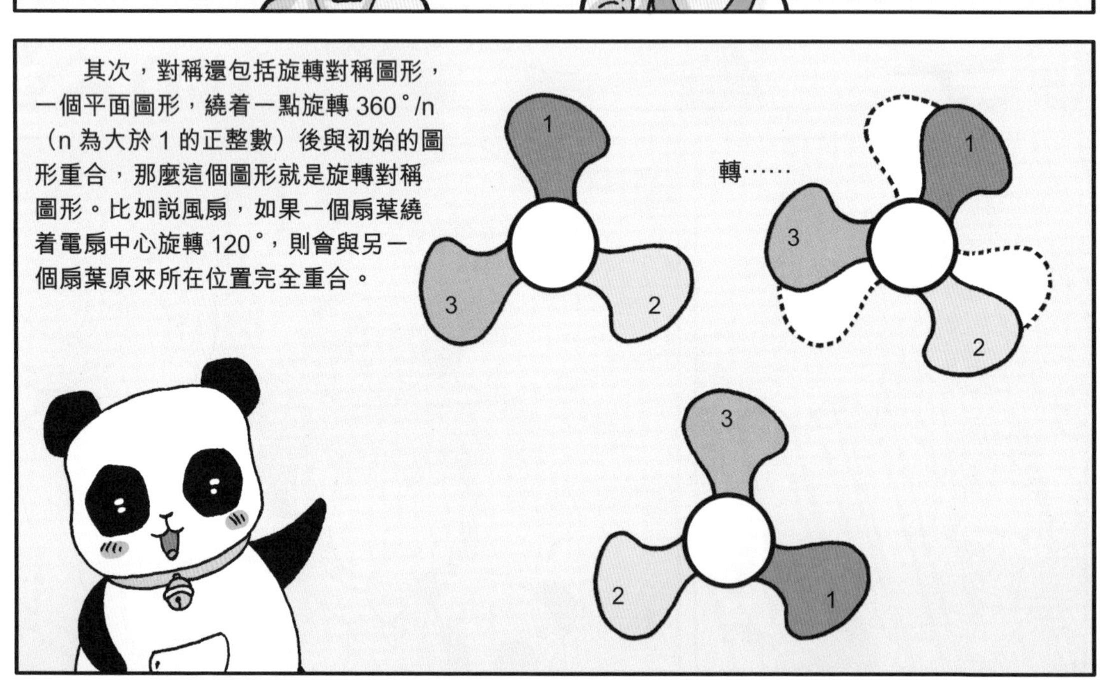
其次，對稱還包括旋轉對稱圖形，一個平面圖形，繞着一點旋轉 360°/n（n 為大於 1 的正整數）後與初始的圖形重合，那麼這個圖形就是旋轉對稱圖形。比如說風扇，如果一個扇葉繞着電扇中心旋轉 120°，則會與另一個扇葉原來所在位置完全重合。
1
3
2
轉……
1
3
2
3
2
1

那TT做的飛機不是對稱模型，就不是飛機嘍！

她做的那種東西簡直太爛了，根本不能稱為手工藝術……

是啊，還不如我的打獵棒。
沒錯沒錯，看了她的東西會覺得你很有藝術家的天賦。

你們！
有完沒完呢！

哪些圖形是對稱的？

平時的生活中，我們能看到許許多多的圖形，方形、圓形、扇形……以及其他各種各樣我們無法形容的圖形。這些圖形中就有很多是對稱的圖形。

小貼士： 對稱一般包括軸對稱和旋轉對稱，中心對稱是一種特殊的旋轉對稱。

圖形翻轉和圖形旋轉 · 軸對稱和中心對稱

數學上的軸對稱圖形是說，如果一個圖形沿着某一條直線對摺後，左右兩半部份能夠完全重合，沒有任何多餘或缺少，那麼這個圖形就是軸對稱圖形。

如果一個圖形繞着某一個點旋轉 180°，旋轉後的圖形和原來的圖形完全重合，那麼這個圖形就是中心對稱圖形。

軸對稱圖形中的那條直線叫作對稱軸，中心對稱圖形中的那個點叫作對稱點。

軸對稱圖形

中心對稱圖形

既是軸對稱又是中心對稱

有很多圖形，既是軸對稱圖形，也是中心對稱的圖形。比如說圓形和正方形。

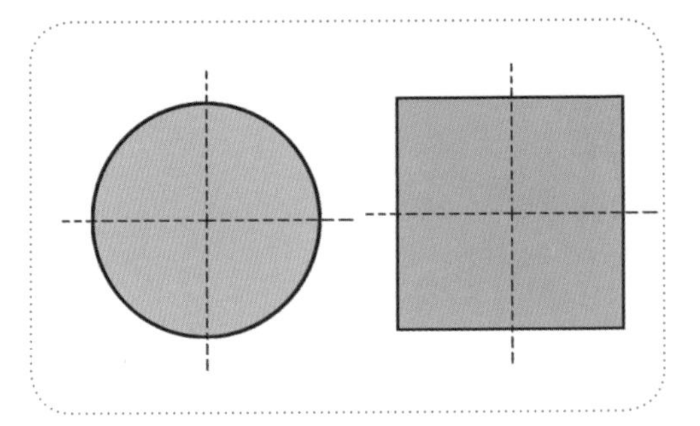

旋轉對稱圖形

在對稱圖形中，旋轉對稱圖形也很常見。當一個圖形繞着一個點旋轉一個角度後，能夠與原來的圖形完全重合，這就是旋轉對稱圖形。

中心對稱圖形也是旋轉對稱圖形的一種，只不過它是特指旋轉 180° 。

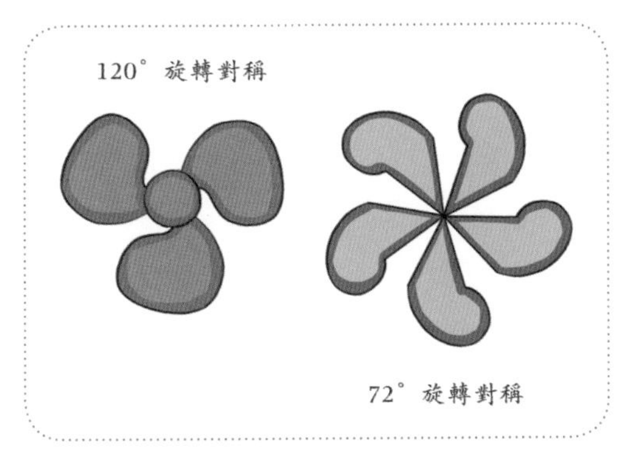

建築中的對稱

對稱在建築中的應用非常廣泛，尤其是軸對稱。古今中外許多知名的建築都採用了軸對稱的形式。

印度泰姬陵

剪紙中的軸對稱

軸對稱在剪紙中很常見。對稱窗花是剪紙中相對容易的一種，動剪刀之前首先將紙摺疊出對稱線，剪出一個圖形後展開即可。

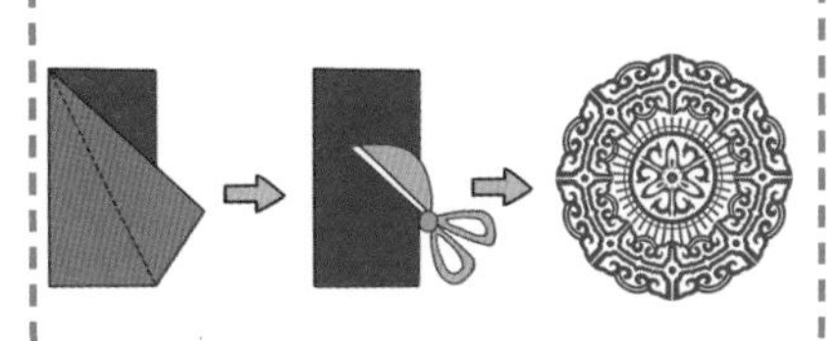

書　　名 科學超有趣：數學

編　　繪 洋洋兔

責任編輯 郭坤輝

封面設計 郭志民

出　　版 小天地出版社（天地圖書附屬公司）
香港黃竹坑道46號
新興工業大廈11樓（總寫字樓）
電話：2528 3671 傳真：2865 2609

香港灣仔莊士敦道30號地庫（門市部）
電話：2865 0708　傳真：2861 1541

印　　刷 亨泰印刷有限公司
柴灣利眾街德景工業大廈10字樓
電話：2896 3687　傳真：2558 1902

發　　行 香港聯合書刊物流有限公司
香港新界荃灣德士古道220-248號荃灣工業中心16樓
電話：2150 2100　傳真：2407 3062

出版日期 2020年11月／初版・香港

ISBN：978-988-75228-1-2